AF244328

Chavignaud

5ᵉ D

cé, ainsi que la quantité qui est relative
; l'hypothèse peut aussi ne pas être expli-
é dans la question.

rincipe que nous venons de faire connaî-
e nous allons exposer n'offrira, comme
ucune difficulté dans tous les problèmes
lépendre des règles-de-trois simples et
es et inverses. On jugera de son utilité
a promptitude avec lesquelles on résout
s usuels, même un grand nombre de ceux
ur, ont été du domaine de l'algèbre.

ère et ceux qui ne doivent pas faire de
ais qui ont besoin de se servir de l'arith-
oudre les questions usuelles, arriveront
but; car ils n'auront pas à fixer le sens
au-delà de la signification concrète.

udre un problème des plus simples, pris
es des proportions, pour donner une idée
e méthode.

apital qui, placé au 6 p. % par an, est
ntérêts, 1331 dans 3 ans 1/2.

gène à 1331 est le capital 100, augmenté
3 ans 1/2 au 6 p. %, ou de 21, ce qui
inconnue, avec son homogène qui est le
ra un rapport équivalent à

$$\frac{1331}{121} = 11$$

Inc. $= 100 \times 11 = 1100.$

THÉORÈME Ier.

est le seul principe pour opérer sur les
résoudre la question.

e rapport qui existe entre les quantités
nue et les quantités relatives à l'homo-

NOUVELLE

ARITHMÉTIQUE

EN VERS.

NOUVELLE
ARITHMÉTIQUE

APPLIQUÉE

AU COMMERCE ET A LA MARINE,

*Sur le plan des meilleurs Traités d'Arithmétique suivis dans
tous les Établissemens de France, et approuvés par
le Conseil Royal de l'Instruction publique ;*

MISE EN VERS,

Par L. Chaviguaud,

EX-MAITRE DE PENSION, ANCIEN PROFESSEUR DE MATHÉMATIQUES A L'INSTITUT
ROLLIN ET AUTEUR DE PLUSIEURS OUVRAGES.

Je plais en instruisant, et ma muse facile
Répand sur la jeunesse une semence utile.

CINQUIÈME ÉDITION, REVUE ET CORRIGÉE.

AVIGNON,

L. AUBANEL, IMPRIMEUR-LIBRAIRE.

1844.

PRÉFACE.

Le bon accueil que le public a fait à ma Grammaire mise en vers, les éloges que j'ai reçus des divers chefs d'Institution qui l'ont adoptée et la suivent dans leur Établissement, m'ont déterminé à y mettre aussi l'Arithmétique.

Convaincu par vingt ans d'expérience qu'une science est d'autant plus facile qu'elle est claire et simple, je l'ai, sans en dénaturer les principes, ornée des charmes de la poésie : c'est le plus sûr moyen d'abréger l'étude de la première partie des Mathématiques, qui est, comme l'on sait, indispensable à tous.

Que de jeunes gens rebutés par les difficultés, me sauront gré de leur avoir rendu agréable une science abstraite, dont l'aridité n'est souvent propre qu'à leur inspirer du dégoût !

L'entreprise est hardie, je le sais ; mais c'est moins pour surmonter un obstacle que personne n'a osé franchir jusqu'à ce jour, que pour rendre service à la société, que j'ai voulu

traiter ce sujet. La poésie est le levier puissant de la mnémo-
technie, et avec son aide, les principes de l'Arithmétique
se graveront d'une manière prompte, agréable et ineffaçable
dans l'esprit de ceux qui daigneront adopter l'ouvrage que je
destine à la jeunesse.

Un critique aurait mauvaise grâce de censurer mes vers ;
et avant d'entreprendre ce rôle, je l'engage à s'exercer à
faire quelques rimes sur les nombres. Je suis loin d'approcher
de la sublime éloquence de Corneille, de la douceur ravis-
sante de Racine ; mais mes vers, eu égard au sujet, ont
assez d'harmonie pour attacher le lecteur, auquel je veux
être utile avant que de chercher à plaire.

Les jeunes demoiselles pourront désormais apprendre
cette science qui avait peu d'attraits pour elles. Appelées à
partager les travaux de ceux à qui elles unissent leur desti-
née, elles saisiront, sans difficulté, les principes de l'Arithmétique, qu'il est urgent de bien connaître quand on veut
se livrer à des opérations commerciales.

INTRODUCTION.

Suspends, ami lecteur, ta mordante critique,
Je vais écrire en vers la docte Arithmétique :
J'invoque d'Apollon les grâces et la voix,
Afin de t'expliquer ses immuables lois.
Mon but est de t'instruire, et mes sages pensées,
Du méchant braveront les pointes émoussées.
Il faut que la science attache ici tes pas ;
Apprends à calculer et tu t'enrichiras :
A l'homme industrieux elle est indispensable ;
Je vais l'orner de fleurs pour la lui rendre aimable.

Cet aride sujet, difficile à traiter,
Dans mon rapide essor ne saurait m'arrêter :
Je n'ai qu'un seul désir, en suivant ma carrière,
C'est de me rendre utile, et je suis sûr de plaire.
J'arrache en mon chemin chaque arbuste épineux ;
J'aplanis du savoir les sentiers tortueux ;
De l'humble poésie empruntant la figure,
Je fertilise un champ avide de culture ;
Et, grâce à ses attraits, l'âpre stérilité,
Prend un aspect riant sur un sol enchanté.

ÉPITRE

A LA MARINE FRANÇAISE.

—

Intrépides guerriers, savants navigateurs,
Industrieux marins, hardis spéculateurs,
Sur un léger esquif, pour servir la patrie,
Vous faites l'abandon des beaux jours de la vie;
Illustres conquérants qui voguez sur les mers,
C'est pour vous que j'ai mis l'Arithmétique en vers.
Mon but est de vous plaire en me rendant utile;
Ce séduisant espoir rend le travail facile.
Les Muses, à l'envi, pour charmer le marin,
Ornent de fleurs les pas du modeste écrivain :

Transporté tout-à-coup sur un char de lumière,
Du liquidé élément il franchit la barrière;
Il arrête un instant son vol audacieux,
Il ne peut soutenir l'éclat brillant des cieux.
Il mesure en tremblant les terribles abîmes,
Où viennent s'engloutir tant d'illustres victimes;
De la vaste étendue il ne voit plus les bords :
Un morne étonnement se mêle à ses transports.
Le vent vient agiter l'écume blanchissante,
Un noir pressentiment le glace d'épouvante;
Les flots précipités sans cesse renaissants,
Retentissent au loin en longs mugissements;
Il voit briller l'éclair, entend gronder l'orage,
Et muet, consterné sur cette vaste plage,
En demandant à Dieu des jours purs et sereins,
Il plaint le triste sort des malheureux marins.
L'immensité des mers a donc pour toi des charmes,
Audacieux guerrier, où portes-tu les armes?
Sais-tu bien que l'honneur qui paraît t'éblouir,
Voit après son triomphe, un écueil l'engloutir?
Sais-tu que la bravoure et l'immortel courage
Sur ces funestes bords sont sujets au naufrage?
Le calme et les plaisirs sont loin de ce séjour :
Il faut braver la mort mille fois en un jour,
Vivre frugalement, surmonter les entraves...
La palme du marin vaut celle de vingt braves!
Et c'est pour la cueillir, jeune homme courageux,
Que tu viens t'exposer sur ces flots orageux.
La gloire te sourit dans ta noble carrière;
Tu t'arraches des bras d'une sensible mère :

Un triomphe incertain a pour toi plus d'appas,
Qu'un bonheur assuré que tu n'estimes pas.
Mais l'immortalité te tresse une couronne.....
A ses charmes puissants, ton âme s'abandonne;
Tu peux, en parcourant l'immensité des mers,
Sur les pas de Colomb étonner l'univers;
Unissant la valeur au plus brillant génie,
Tu veux d'un nouveau monde enrichir ta patrie;
Et corrigeant les mœurs de ces sauvages lieux,
En y fixant des lois, y faire des heureux.
Poursuis avec ardeur cette noble entreprise,
Des illustres marins retiens bien la devise :
Science et dévouement, constance et fermeté;
Et tu vivras un jour dans la postérité.
La marine française a droit à notre hommage;
Chaque mer tour-à-tour vit briller son courage :
Magellan et Duquesne, ombragés de lauriers,
Tiennent le premier rang parmi nos fiers guerriers;
Duguay-Trouin, Jean-Bart et l'illustre Surville,
Unissent leurs exploits à ceux de Bougainville;
L'immortel Lapeyrouse, au milieu des dangers,
Périt victime, hélas! sur des bords étrangers;
Dorvillers et Desteing, vaillants et pleins de gloire,
D'honneur et de hauts faits enrichissent l'histoire.
Mais à quoi bon citer d'autres marins fameux?
L'univers retentit de leurs faits glorieux;
Et du vainqueur d'Alger la conquête immortelle,
A vous tous, Aspirants, peux servir de modèle.
L'honneur en vous guidant doit flatter son grand cœur;
Un seul de ses exploits suffit à la valeur.

Conduits par la science et l'amour de la gloire,
Vous serez couronnés des mains de la victoire;
L'intrépide valeur vous rendra triomphants ;
La France attend de vous des succès éclatants.
Et moi, qui vois de loin votre ardeur héroïque,
Traduisant de Bezout la docte Arithmétique,
Je serai trop heureux, si mes utiles vers,
En charmant vos instants, vous suivent sur les mers.

PREMIÈRE PARTIE.

—

DÉFINITIONS.

—

L'utile Arithmétique, en ses peintures sombres
Nous fait connaître à fond la science des nombres;
Dans ses divers rapports les fait envisager,
Assembler, retrancher, composer, partager;
Donne des moyens sûrs à l'homme qui s'exerce,
Et grave en son esprit les règles du commerce.
L'*unité*, terme clair, tient lieu de fondement :
C'est une quantité prise arbitrairement,
Qui sert à comparer celles de même sorte,
Et s'unissant au tout s'y lie et s'y rapporte.
Ainsi, l'*homme* éloquent, choisi sur ses rivaux ;
Le *cheval* indompté, pris parmi ses égaux ;

Et le *chêne* orgueilleux, des chênes le modèle ;
Parmi ses douces sœurs, l'aimable *tourterelle ;*
Pris à part font connaître, avec facilité,
Ce qu'à l'égard d'un tout est la simple unité.
Le *nombre* en son ensemble, en indiquant la cause,
Montre les unités dont l'entier se compose.
Lorsque les unités font un tout régulier,
Le nombre qui l'exprime est alors *nombre entier :*
S'il est irrégulier, il est *fractionnaire ;*
Et *fraction* enfin à ces deux cas contraires.
Trente mille guerriers sont mis hors du combat ;
Une livre et demie est le pain du soldat ;
Trois quarts seraient trop peu pour soutenir sa vie :
Traitez bien les soutiens d'une noble patrie.
Un nombre est dit *abstrait* et comme tel nommé,
Lorsqu'on n'indique pas ce dont il est formé.
Ainsi *trois* ou *trois fois, dix fois, cent fois* et *mille,*
Sont des nombres *abstraits :* le calcul en fourmille.
Mais sitôt qu'on énonce et l'espèce et l'objet
Des seules unités, on l'appele *concret ;*
Cinquante villageois se rendent à la fête ;
Cent mille écus comptant assurent sa conquête ;
Trois cents mètres de drap, sont des nombres *concrets,*
Que vous devez toujours distinguer des *abstraits.*

DE LA NUMÉRATION

ET

DES DÉCIMALES.

La Numération, par ses lois salutaires,
Exprime et représente, avec dix caractères,
Les nombres quels qu'ils soient; et cet art si vanté,
Des Arabes profonds fait la célébrité.
On nomme *chiffres* donc les dix marques sensibles *
Qui servent à compter tous les nombres possibles.
A l'aide d'un principe, une convention
Explique, avec clarté, la Numération.
A la gauche d'un autre un chiffre a l'avantage,
Sa valeur est décuple, ainsi le veut l'usage :
Ainsi, quand *cinq* se place à la gauche de *huit*,

5

Il vaut *cinquante*, plus le chiffre qui le suit :

(58)

Cinquante-huit ; admirez combien cet art utile
Abrège le calcul, en le rendant facile.

---

* 1, 2, 3, 4, 5, 6, 7, 8, 9, 0.

Pour exprimer soixante, on doit l'écrire ainsi :
Soixante et le *zéro* rend *six* décuple aussi.

(60)

A la gauche de deux, le valeur calculée
D'un chiffre quel qu'il soit est alors centuplée :
Ainsi l'on écrira *trois cents soixante deux*,

(362)

Deux cent six et *cinq cents ;* le cas n'est plus douteux.

(206) (500)

A la gauche de trois, le chiffre offre des mille ;
Grâce au raisonnement le principe est facile :
Ainsi pour exprimer *deux mille huit cent trois*,

(2803)

L'esprit y réussit, sans se mettre aux abois.
Et sans aller plus loin, ami lecteur, peut-être,
Tu saisis ce bel art que chacun doit connaître.
Pour énoncer un nombre, il faut auparavant,
En tranches et par trois, de la droite en suivant,
Partager sa valeur, avec ordre et noblesse,
En commençant toujours par la plus forte espèce,
On doit bien observer de leur donner les noms
D'unités, *de mille*, *millions*, *billions*.
Quatre-vingt billions, *sept cent trente-six mille*,
Trois cent sept unités ; ce n'est pas difficile.

(80, 000, 736, 307)

Puisque de droite à gauche un chiffre en avançant,

Vaut toujours dix fois plus ; en y réfléchissant,
De gauche à droite on voit, de la route ordinaire,
Qu'il décroit, et le nombre éprouve un sort contraire :
Or, un , deux, trois zéros, devant lui, c'est certain ,
Le font dix fois, cent fois, mille fois plus enfin.
Mais pour évaluer, en formes plus petites ,
L'unité dont s'agit, les règles sont préscrites :
On prend cette unité qui sert de fondement,
On la partage en dix plus faibles, et suivant
De dix en dix toujours, d'après notre système,
Le nommant *dixième* et plus loin *centième*.
Placez une virgule, en forme de signal,
Pour séparer l'entier du nombre décimal.
Pour marquer trois entiers, cent vingt-six millièmes,
Il faut l'écrire ainsi : les chiffres sont les mêmes.
Trois entiers, cent vingt-six : le nom *ième* à la fin,

$$(\ 3{,}126 \ )$$

Fixe toujours l'esprit du douteux écrivain.
Puis pour *cinq centièmes*, d'après une loi sûre,
On l'écrit de la sorte en suivant sa nature.

$$(\ 0{,}05 \ )$$

S'exprime comme suit et sans difficulté.
Cent millièmes enfin , souvent inusité,

$$(\ 0{,}00001 \ )$$

Je n'insisterai pas, car l'utile pratique
Vous fera mieux sentir ce que je vous explique.
Sur la gauche toujours la virgule glissant
D'une, de deux, de trois places en avançant,

2

Rend le nombre dix fois, cent fois, mille fois moindre;
Sur la droite il l'augmente au lieu de le disjoindre.
Dans le nombre suivant, que je prends au hasard,
Cent trente quatre entiers, un millième à part,

$$(\ 134{,}001 \ )$$

Si je mets la virgule à gauche d'une place,
La centaine au premier aussitôt se remplace

$$(\ 13{,}4001 \ )$$

Et forme une dizaine aux chiffres transportés;
Les dizaines ne font plus que des unités :
Les unités dès-lors deviennent dixièmes,
Ceux-ci centièmes, ces derniers millièmes.
Ainsi le nombre entier, et tel qu'il est écrit,
D'après ce changement, est dix fois plus petit.
Et sans aller plus loin le contraire s'explique :
A chaque nombre on voit que la règle s'applique.
Mais un, deux, trois zéros, après un décimal,
Ne l'augmentent jamais et son titre est égal.
Or donc, rien n'est changé : *cinquante centièmes*

$$(\ 0{,}50 \ )$$

Sont de même valeur que *cinq cents millièmes.*

$$(\ 0{,}500 \ )$$

Il faut bien se fixer dans nos premiers essais :
Un zèle pénétrant garantit du succès.

DES OPÉRATIONS DE L'ARITHMÉTIQUE.

—

Quatre opérations, distinctes et faciles,
Fixent le jugement des commerçants utiles.
L'*Addition* d'abord se grave en leur esprit :
Ils sont heureux de voir augmenter leur crédit.
De la *Soustraction* la douce et sûre chance,
Des mains de la justice en fixe la balance.
Multiplication, d'un pas noble et certain,
Tu viens les enrichir d'un précieux butin.
Division, tu fais que le sociétaire,
Obtient, grâce à ton art, son avoir salutaire.

—

DE L'ADDITION DES NOMBRES ENTIERS

ET

DES PARTIES DECIMALES.

—

Je dois dire d'abord que toute addition
Est l'objet principal d'une opération,
Qui se fait au moyen d'une règle prescrite;
En plaçant, à propos, chaque nombre à la suite.
Les unités dès-lors sont sous les unités;
Dizaines et centaines, mille après sont portés :

Dans un ordre parfait, en colonnes égales,
Les chiffres sont placés, en lignes verticales.
Puis il faut commencer par la droite, et l'on met,
S'il ne passe pas neuf, le chiffre sous le trait
Qu'on a soin de tirer, pour séparer la somme,
Résultat ou *total*, c'est ainsi qu'on le nomme.
Mais pour chaque dizaine il faut les retenir,
Et les porter au rang qui les doit réunir.
Il importe en comptant de même les dizaines,
D'écrire le surplus, en joignant les centaines
Au troisième rang; et jusqu'au rang final,
En observant la règle, on parvient au total.
Ainsi pour ajouter, par une loi constante,   [*quante :*
Cent vingt-six, trois cent sept, huit cent neuf, cent cin-

$$
\begin{array}{r}
126 \\
307 \\
809 \\
150 \\
\hline
1392
\end{array}
$$

Je les écris ainsi, poursuivant en comptant
D'abord les unités, et posant l'excédant
De ce nombre vingt-deux que l'ensemble me donne,
Dessous, en y plaçant les deux à leur colonne.
Ces dizaines aussi je dois les ajouter :
Je n'en trouve que neuf; ainsi rien à porter
A la dernière ligne et qui seule complète
Treize centaines; or, l'addition est faite.

Le total *treize cent quatre-vingt-douze*, enfin,
Montre le résultat d'un principe certain.
Les chiffres décimaux ont la même formule;
Il ne faut qu'observer où se met la virgule;
Et sans charger l'esprit d'exemples superflus,
Je m'en vais ajouter les nombres ci-dessus :
Deux cent vingt-quatre entiers, sept cent trois millièmes,
Huit entiers, un dixième et trente centièmes;
Dont la somme, en suivant ce que nous avons dit,
Est telle qu'on le voit sur ce fidèle écrit.

$$
\begin{array}{r}
224,703 \\
8,1 \\
0,30 \\
\hline
233,103
\end{array}
$$

DE LA SOUSTRACTION DES NOMBRES ENTIERS

ET

DES PARTIES DÉCIMALES.

De la soustraction, par une règle claire,
Nous allons indiquer la formule ordinaire.
Cette opération se fait en retranchant
Deux nombres l'un de l'autre, et le nombre excédant
Montre au calculateur, par sa juste présence,
Le résultat qu'on nomme *excès* ou *différence*.

Il faut mettre au-dessus le nombre le plus fort :
Au-dessous le plus faible, en commençant d'abord
Par la droite, en suivant chaque chiffre, et soustraire
Celui qui correspond, c'est ainsi qu'on opère.
Quand le chiffre est plus grand, au nombre principal,
Que son inférieur, mis dans un ordre égal,
On écrit par-dessous, sur une même ligne,
Le reste, tel qu'il est, du nombre qu'on souligne.
Quand il est plus petit on a soin d'emprunter,
Sur le chiffre en montant, dix qu'il faut ajouter
A ce chiffre moins fort, et l'emprunt diminue
D'une unité celui d'une valeur connue.
On propose d'ôter de *six cent cinquante-huit*,
Quatre cent trente-deux ; je le fais comme suit :

$$
\begin{array}{r}
658 \\
432 \\
\hline
226
\end{array}
$$

Deux unités de huit en offrent six de reste ;
Trois dizaines de cinq donnent deux sans conteste,
Et quatre ôtés de six les réduisent à deux :
Reste *deux cent vingt-six*, le fait n'est pas douteux.
De même, pour ôter de *vingt mille cent trente*,
Mille sept cent vingt-six ; une règle constante,

$$
\begin{array}{r}
20130 \\
1726 \\
\hline
18404 \text{ reste.}
\end{array}
$$

Me dit d'agir ainsi : j'ôte six unités
De dix, en empruntant sur trois à ses côtés,
J'écris quatre dessous. Trois d'une unité baisse,
Deux unités de deux font zéro que j'abaisse.
Sept centaines ici ne peuvent pas s'ôter
D'une centaine ; il faut sur vingt mille emprunter
Dix mille, et laisser neuf au zéro qu'il remplace,
Et pour chaque zéro le neuf d'emprunt se place.
Sept retranchés de onze offrent quatre, et partant,
Un ôté de dix-neuf, que je trouve en passant
Donne dix-huit ; ainsi, j'indique en assurance
De mes deux quantités l'exacte différence.
De même pour ôter les nombres décimaux,
Il faut que tous les deux aient leur chiffres égaux ;
On met donc des zéros au moins considérable,
Pour qu'il puisse par-là lui devenir semblable.
Ainsi, pour retrancher les nombres ci-dessus :
Deux mille huit cent trois, *un millième* en sus,
De *trois mille neuf cent*, suivis d'un *dixième*,
J'opère absolument d'après notre système,
En plaçant deux zéros au nombre principal ;
J'ai le terme suivant pour résultat final.

$$3900,100$$
$$2803,001$$
$$\overline{1097,099}$$

PREUVE DE L'ADDITION ET DE LA SOUSTRACTION.

Quand on veut s'assurer, par une loi parfaite,
Si l'opération dont s'agit est bien faite,
Il faut en calculant qu'un second résultat,
Affirme avec raison que le tout est exact.
A chaque addition, soustraction indique
Un facile moyen qui la prouve et l'explique;
L'addition aussi, par un heureux retour,
A la soustraction sert de preuve à son tour.
Or, pour vérifier, avec exactitude,
Si cette addition offre la certitude
D'un tout bien calculé, je fais attention
Que le total toujours, dans chaque addition,
Est formé d'unités dont ce tout se compose;
Et qu'en les retranchant, dans l'ordre que j'expose,
En partant de la gauche, et jusques à la fin,
Lorsqu'on a tout ôté, l'on n'y trouve plus rien.
En calculant la somme, et dans un sens contraire,
De cette addition la preuve salutaire
Démontre clairement que le nombre total
Aux mêmes unités de ce tout est égal.
Dans l'exemple ajoutant des mille la colonne,
Dix-neuf, je les retranche, et des deux que me donne
Le reste joint au sept, en tout m'offre vingt-sept.
Mais je trouve vingt-six, et c'est un de débet,
Je le porte aussitôt à ma seconde ligne;
J'ôte quinze de seize, et par faveur insigne,

J'ajoute l'unité du dernier échelon,
Et je trouve zéro ; donc mon total est bon.

$$7856$$
$$3427$$
$$2954$$
$$7532$$
$$\overline{21769}$$
$$\overline{2110}$$

Pour la soustraction , on ajoute le reste
Au nombre à retrancher : quand la somme complète
Est semblable en tout point au nombre principal,
L'adroit calculateur est sûr de son total.
De deux nombres donnés l'utile différence
Peut se vérifier avec pleine assurance :
Mille cent trente-trois joint au nombre cherché
Donne *seize cent deux* dont on l'a retranché.

$$1602$$
$$1133$$
$$\overline{\quad 469}$$
$$\overline{1602}$$

DE LA MULTIPLICATION.

Multiplication, ton précieux usage ,
Présente au commerçant le plus sûr avantage :

Par toi l'industrieux augmente son crédit,
La fortune inconstante à ton savoir sourit;
Grâce aux puissants effets d'une utile science,
Tu fixes près de lui la gloire et l'abondance;
Et ton art protecteur, d'après de sages lois,
Des mains du peuple enfin vient enrichir les rois.
Le nombre qu'on répète ou que l'on multiplie
Est dit *Multiplicande*, et comme tel se lie
A son multipliant, dont le destin flatteur
Croît en prenant le nom de *Multiplicateur ;*
On appelle *Produit* le nombre qui présente
Le résultat acquis par la règle constante.
Trois fois quatre font *douze* et d'après ce qui suit
On voit, par les facteurs, ce que c'est qu'un produit.
Le multiplicateur dit combien on doit prendre
Le multiplicande : chacun peut donc comprendre
Qu'il est toujours abstrait; tandis que le second
Fixe les unités du produit qu'il confond.
Multiplication, tu prouves sans encombre,
Par le prix d'un objet, celui d'un plus grand nombre;
Et chaque résultat, avec juste raison,
Est le but principal de l'opération.
Avant de passer outre, il faut montrer encore
La table attribuée au savant Pythagore,
Qui fixe le produit, par un destin commun,
De deux nombres formés d'un seul chiffre chacun.

TABLE DE MULTIPLICATION.

1	2	3	4	5	6	7	8	9
2	4	6	8	10	12	14	16	18
3	6	9	12	15	18	21	24	27
4	8	12	16	20	24	28	32	36
5	10	15	20	25	30	35	40	45
6	12	18	24	30	36	42	48	54
7	14	21	28	35	42	49	56	63
8	16	24	32	40	48	56	64	72
9	18	27	36	45	54	63	72	81

Les neuf chiffres placés en ligne horizontale
Sont tous multipliés en ligne verticale;
Chaque produit est donc exactement formé
Du nombre d'unités du chiffre ainsi nommé.
Or, si je veux savoir, par une règle sûre,
Combien font *sept fois neuf;* le nombre qui figure
A la suite du *sept* jusqu'au *neuf, soixante-trois*,
Indique le produit dont je dois faire choix.

DE LA MULTIPLICATION PAR UN NOMBRE D'UN SEUL CHIFFRE.

Le multiplicateur d'un seul chiffre se pose
Sous le multiplicande, à la droite et pour cause;
Il faut multiplier d'abord les unités,
Dizaines et plus tard centaines sont portés,
En joignant l'excédent sur l'unité plus forte :
L'utile résultat en ordre se rapporte.
Or, pour multiplier *six mille huit cent deux*
Par *six*, j'opère ainsi, le fait n'est pas douteux,
En disant : six fois deux font douze, il faut écrire
Deux sous les unités et de même transcrire
La dizaine à son rang et puis multiplier
Les centaines, les mille, et ne point oublier
Que chaque retenue à son rang est remise,
Pour que la vérité sur le produit se lise.
Le nombre ici placé marque son résultat ;
Du principe établi, c'est le produit exact,

$$6802$$
$$6$$
$$\overline{40812}$$

DE LA MULTIPLICATION PAR UN NOMBRE DE PLUSIEURS CHIFFRES.

Quand on a plus d'un chiffre, on opère de même ;
On fait plusieurs produits, voilà tout le système.

Or, pour multiplier *cinq mille trois cent sept*
Par *deux cent trente-six*, un principe direct
Dit qu'il faut répéter notre multiplicande
Par *six*, par *trois* et *deux* : le produit qu'on demande
Contiendra justement trois produits en commun,
Qu'il faut placer au rang qui convient à chacun.

$$
\begin{array}{r}
5307 \\
236 \\
\hline
31842 \\
15921 \\
10614 \\
\hline
1,252,452
\end{array}
$$

D'abord les unités à la première place,
Les dizaines après au rang qui les retrace,
Au troisième rang les centaines, enfin,
Font, en les ajoutant, un résultat certain.
Mais lorsque des zéros sont placés à la suite
Des facteurs proposés, une règle prescrite,
Nous les fait retrancher, par abréviation,
En les remettant tous à l'opération.
Vingt-cinq mille huit cent, d'après cette remarque,
Par *trois mille*, s'abrège : un seul produit le marque.

$$
\begin{array}{r}
25800 \\
3000 \\
\hline
77,400,000
\end{array}
$$

Mais, lorsque les zéros au milieu se font voir,
On range le produit au rang qu'il doit avoir.
Ainsi, pour opérer *deux mille six cent trente*,
En les multipliant par *dix mille cinquante*,
Je place mon produit où mon cinq correspond,
Puis au rang des dix mille arrive mon second :
En les réunissant, chaque chiffre avec grâce,
Se range exactement et chacun à sa place.

$$
\begin{array}{r}
2630 \\
10050 \\
\hline
131500 \\
2630 \\
\hline
26431500
\end{array}
$$

DE LA MULTIPLICATION DES PARTIES DÉCIMALES.

Quand vous multipliez des nombres décimaux,
Observez seulement les chiffres principaux ;
Et dans chaque produit mettez une virgule,
Afin de séparer l'entier qui s'y cumule.
Or, pour multiplier les nombres ci-dessus,
En opérant d'après les procédés reçus,
Cinquante-quatre entiers, trente-trois centièmes,
Par *dix-huit entiers, trente-six millièmes;*
Je fixe en observant les droits régulateurs,
Les chiffres du produit sur ceux de mes facteurs ;
J'en sépare donc cinq, et la règle constante
Indique le produit qui fixe mon attente.

En suivant ce principe on résout tout les cas.
Cinq centièmes donc, d'après nos résultats,
Étant multipliés par mes *six millièmes*
Me donnent pour produit *trente cent millièmes.*

$$54,33$$
$$18,036$$

$$32598$$
$$16299$$
$$43464$$
$$5433$$

$$979,89588$$

—

$$0,05$$
$$0,006$$

$$0,00030$$

DE LA DIVISION DES NOMBRES ENTIERS

ET

DES PARTIES DÉCIMALES.

—

Un usage établi prouve au calculateur,
Que la division, par son art protecteur,
Lui sert à partager le résultat propice
D'une association que réglait la justice.

Le *Dividende* indique un nombre à partager,
Le *Diviseur* celui qui sert à dégager
Ce dividende, afin qu'un nombre salutaire,
Qu'on nomme *Quotient*, montre au sociétaire,
Le bénéfice acquis, d'après un juste espoir,
En fixant à chacun la part qu'il doit avoir.

DE LA DIVISION D'UN NOMBRE COMPOSÉ DE PLU-SIEURS CHIFFRES, PAR UN NOMBRE QUI N'EN A QU'UN.

Quand on veut partager, par la règle ordinaire,
Un nombre par un autre, on peut toujours le faire :
Après le dividende, un usage parfait,
Place le diviseur, qui, séparé d'un trait,
Prépare au quotient, par sa faveur insigne,
Le rang qu'il doit avoir sous cette même ligne.
Du dividende on cherche, et de gauche en partant,
Combien chaque unité se trouve au quotient ;
On l'écrit aussitôt, en plaçant à la suite
Les chiffres obtenus par la règle prescrite ;
Et jusques à la fin de l'opération,
On compte pour avoir l'exacte portion.
Or, la division nous indique avec cause,
Sur le prix de plusieurs combien coûte une chose :
Ainsi, pour diviser *huit mille six cent deux*,
Par *six*, en observant l'usage rigoureux,
Je vois que six se trouve une fois dans huit mille ;
Je le place au-dessous, et j'abaisse à la file
Le nombre six qui suit, ce qui me fait vingt-six ;
Ils offrent quatre fois le diviseur requis ;

Je les mets à la suite, et zéro que j'abaisse,
Font vingt que je divise, avec semblable adresse,
Par six, et j'obtiens trois : des six multipliés,
J'ôte dix-huit de vingt et les deux alliés
Au dernier chiffre deux, font vingt-deux ; j'atteste
Qu'ils sont dans six trois fois, ma règle est donc parfaite.

$$
\begin{array}{l|l}
8602 & \;\;6 \\
\;\;26 & \overline{\;\;1433} \\
\;\;\;20 & \\
\;\;\;22 & \\
\;\;\;\;4 &
\end{array}
$$

DE LA DIVISION PAR UN NOMBRE DE PLUSIEURS CHIFFRES.

Lorsque le diviseur d'un nombre proposé,
De plusieurs chiffres donc se trouve composé,
Prenez-en vers la gauche un nombre nécessaire,
Qui le contienne et puisse amplement satisfaire.
Cela posé, cherchez combien le divisant
Est contenu de fois au nombre proposant ;
Mettez au quotient le chiffre qu'il vous donne ;
Multiplié par lui, la règle vous l'ordonne,
Il faut le retrancher et chaque chiffre enfin
Vous prescrit d'observer un semblable moyen.
La règle en opérant devient intelligible ;
Un exemple appliqué va le rendre sensible.
On voudrait diviser *dix-neuf mille cent huit*,
Par *cent quarante-deux*, j'opère comme suit :

$$
\begin{array}{l|l}
19108 & \;\;142 \\
\;\;490 & \overline{\;\;134} \\
\;\;648 & \\
\;\;\;80 &
\end{array}
$$

Après avoir choisi les chiffres qu'il faut prendre,
Je mets au quotient, l'usage vient l'apprendre,
Le nombre en exprimant combien la portion
Contient le diviseur ; à l'opération
Zéro se joint au reste, et d'après le système
Le trois qui vient après se range de lui-même
Au quotient marqué ; j'abaisse également
Mon dernier chiffre huit ; et poursuis en mettant
Quatre à mon quotient : le tout *cent trente-quatre*
Est le nombre cherché, il n'en faut rien rabattre.
De même en divisant *trente-six mille trois*
Par *trois cent trente-sept*, en opérant je vois
Qu'après avoir posé la centaine à sa place,
Abaissé le zéro près de mon reste en face,
Le nombre est trop petit et ne peut contenir
Le diviseur ; je mets zéro pour parvenir
Au résultat parfait, en abaissant de suite
Le dernier chiffre trois, et jusqu'au bout j'invite
A ne rien négliger ; et puisque six est bon,
Cent six est quotient de ma division.

$$\begin{array}{r|l} 36003 & 337 \\ 2303 & \overline{106} \\ 281 & \end{array}$$

DE LA DIVISION DES PARTIES DÉCIMALES.

Mais la division avec des décimales
Se fait en les rendant dans chaque nombre égales :
On ôte la virgule ; un principe certain
Fait que le quotient ne peut changer en rien.

Ainsi, pour diviser *treize, neuf dixièmes*
Par le nombre suivant, *trente-cinq millièmes*,
Je place deux zéros, afin de compléter
Les chiffres décimaux ; et ma règle à compter,
D'après ce qu'on a dit, est chose très-facile :
Un exemple suffit pour en opérer mille.

$$13,0,90 \left\{ \frac{0,035}{397} \right.$$
$$340$$
$$250$$
$$5$$

En raisonnant, toujours suivant les mêmes lois,
Les opérations dont nous avons fait choix,
L'adroit calculateur n'y voit plus de mystère,
Et sans rien ajouter chacun pourra les faire.

$$75,375 \left\{ \frac{17,500}{4,30} \right. \quad 0,850 \left\{ \frac{0,009}{94,44} \right.$$
$$53750 \qquad 40$$
$$12500 \qquad 40$$
$$40$$
$$4$$

$$0,03500 \left\{ \frac{0,700}{0,05} \right.$$
$$000$$

PREUVE DE LA MULTIPLICATION ET DE LA DIVISION.

Chaque opération présente un résultat ;
Il faut en calculant savoir s'il est exact.
Puisqu'en multipliant par la règle soumise
Deux nombres l'un par l'autre, un produit réalise

Un nombre résultant de son premier facteur,
Exprimé par l'effet du multiplicateur,
Le produit divisé par l'un d'eux fait connaître
L'autre facteur cherché que l'on voit reparaître.
Après avoir trouvé que *trois cent quarante-huit*,
Multipliés par *cinq*, nous donnent pour produit
Mille sept cent quarante ; en divisant ce nombre
Par *trois cent quarante-huit*, j'obtiens *cinq* sans encombre.

$$\begin{array}{r} 348 \\ 5 \\ \hline 1740 \\ 000 \end{array} \left\{ \dfrac{348}{5} \right.$$

De même un quotient d'une division
Marquant combien de fois dans l'opération,
Le diviseur se voit soumis au dividende
Il s'ensuit qu'en prenant, ainsi qu'on le commande,
Le diviseur autant qu'il est au quotient,
On sent qu'il reproduit indubitablement
Ce même dividende, ainsi que je l'atteste,
Quand la division s'exécute sans reste :
Car s'il s'en trouvait un, il faudrait l'ajouter
A la fin du total que je viens de citer.
Divisés par *cent vingt*, *huit mille neuf cent trente*,
Ont *soixante et quatorze* et pour reste *cinquante*.
Ces soixante et quatorze aux cent vingt sont liés,
Et l'un par l'autre enfin s'ils sont multipliés,
Plus le reste, ils feront la somme principale
Huit mille neuf cent trente : et la preuve est égale.

Multiplication se prouve justement
Par la division, et réciproquement.

$$
\begin{array}{r|l}
8930 & \;\cdot120 \\
530 & \overline{\;\;\;74} \\
50 & \overline{480} \\
& 840 \\
& \underline{\;\;\;50} \\
& 8930
\end{array}
$$

PREUVE PAR NEUF.

Si d'un nombre donné vous faites disparaître
Tous les neuf qu'il contient, vous pourrez reconnaître
Que le reste est égal aux simples unités
Des chiffres tels qu'ils sont eux-mêmes rapportés.
Tous les neuf retranchés de *six cent trente-quatre*,
Nous donneront pour reste et sans en rien rabattre,
Six, *trois*, *quatre* et l'on voit dans l'art calculateur,
Qu'un principe toujours sert de base au lecteur.
Quand on veut s'assurer du produit que l'on trouve,
Par la preuve de neuf, si l'on veut, on l'éprouve.
Or du multiplicande on ôte adroitement
Tous les neuf renfermés, le reste seulement
Mis à part doit servir à fixer la pensée.
Au multiplicateur même chose observée
Nous donne un reste aussi qu'il faut multiplier
Par celui mis à part, car il doit s'y lier :
On retranche les neuf du produit, et j'atteste
Que le produit compté doit être égal au reste.

Ainsi, pour s'assurer de ce nouveau produit,
Dix mille trois cent quatre, et formé comme suit
Des nombres *trente-deux*, *trois cent vingt-deux*, je compte
Toujours en retranchant, par une règle prompte,
Les neuf de *trente-deux* et de *trois cent vingt-deux*.
Ils offrent *cinq* et *sept;* multipliés entr'eux,
Ils donnent *trente-cinq*, ôtez les neuf, il reste
Huit, ainsi qu'au total, et ma règle est parfaite.
Mais vous ne devez pas toujours en faire choix,
Car la preuve par neuf nous trompe quelquefois;
L'erreur peut s'y glisser et devenir sensible :
Ce n'est pas en un mot une preuve infaillible.

$$
\begin{array}{r}
322 \\
32 \\
\hline
644 \\
966 \\
\hline
10304
\end{array}
\qquad
\begin{array}{c}
7 \\
8
\end{array}
\Bigg|
\begin{array}{c}
8 \\
5
\end{array}
$$

DES FRACTIONS.

De chaque fraction l'humble propriété
Exprime une valeur moindre que l'unité :
Une moitié, *deux tiers*, *trois quarts*, *deux cinquièmes*,
Se calculent aussi; les règles sont les mêmes.

$$\frac{1}{2} \quad \frac{2}{3} \quad \frac{3}{4} \quad \frac{2}{5}$$

Ainsi que les entiers, on peut les ajouter,
Oter, multiplier, diviser, compléter;
Mais il faut observer, en les voyant paraître,
Les définitions qu'il est bon de connaître.
On voit deux quantités dans chaque fraction,
Mises l'une sous l'autre avec intention.
Numérateur est pris au-dessus et l'explique,
Le *Dénominateur* placé dessous l'indique.
Le premier marque donc combien la quantité
Contient de portions dans la simple unité,
Et le second toujours, en nous montrant la cause,
Renferme la valeur dont le tout se compose.

DES ENTIERS CONSIDÉRÉS SOUS LA FORME DE FRACTION.

Les suites du calcul font qu'un numérateur
Est quelquefois plus grand qu'un dénominateur;
Le résultat alors est dit fractionnaire :
Il contient des entiers. Il faut pour les extraire
Diviser le plus grand par son inférieur,
Le quotient alors sera l'indicateur,
Des entiers contenus; en y joignant le reste,
On a l'expression réduite sans conteste :
Or donc *trente-sept quarts*, d'après ce qu'on a dit,
Font *neuf entiers, un quart.* Un exemple suffit.

$$\frac{37}{4} = 9\tfrac{1}{4} \qquad \frac{37}{1} \begin{cases} \dfrac{4}{1} \\ 9\dfrac{1}{4} \end{cases}$$

CHANGEMENTS QU'ON PEUT FAIRE SUBIR AUX DEUX TERMES D'UNE FRACTION SANS EN CHANGER LA VALEUR.

On sait que dans un tout de portions réduites,
Il en faut d'autant plus qu'elles sont plus petites.
Or, chaque fraction, principe général,
Conserve sa valeur, quand par un nombre égal
Ses facteurs répétés ont toujours pour emblème
Des résultats égaux : le rapport est le même.
Car, si vous augmentez chaque numérateur,
Vous réduisez d'autant le dénominateur ;
Ainsi *trois quarts* est donc égal à *six huitièmes*,
Cinq sixièmes semblables à *quinze dix-huitièmes*.

$$\frac{3}{4} = \frac{6}{8} \qquad \frac{5}{6} = \frac{15}{18}$$

Un nombre divisant dans chaque fraction
Ses deux termes unis, cette opération
N'altère pas du tout sa valeur reconnue ;
Le rapport est égal, rien ne le diminue :
Deux quarts, *une moitié* sont d'égale valeur,
Six neuvièmes, *deux tiers* offrent même faveur.

$$\frac{2}{4} = \frac{1}{2} \qquad \frac{6}{9} = \frac{2}{3}$$

Ces deux principes clairs, dont on sent l'avantage,
Dans les réductions sont d'un très-grand usage.

RÉDUCTION DES FRACTIONS A UN MÊME DÉNOMINATEUR.

Lorsque deux fractions doivent se convertir,
Un dénominateur commun vient avertir
Qu'on peut les ajouter et même les soustraire;
Et pour y parvenir indiquons la manière.
Le dénominateur, par opposition,
Sert à multiplier dans chaque fraction
Les deux termes connus de celle qu'on propose;
Sur un principe clair cette règle repose.
Or, *deux tiers* et *trois quarts* offrent quatre facteurs
Qui sont chacun soumis aux dénominateurs.

$$\frac{2}{3} \qquad \frac{3}{4}$$
$$\frac{8}{12} \qquad \frac{9}{12}$$

Quatre fois deux font *huit, quatre fois trois* s'applique,
Trois fois trois donnent *neuf, trois fois quatre* s'explique;
Le dénominateur qui convient à chacun
Est donc *douze*, et de deux il n'en forme plus qu'un.
De mes deux fractions les valeurs sont les mêmes;
Et j'ai pour résultat *huit* et *neuf douzièmes*.
Mais quand on en a trois, il faut multiplier
Les termes de chacun et ne point oublier
Les multiplicateurs répétés l'un par l'autre;
Le produit résultant indique alors le nôtre.
Ainsi, *deux tiers, trois quarts, cinq sixièmes* réduits,
Formeront, comme on voit, ces trois nouveaux produits:

Le dénominateur pour chacun est le même,
Et c'est le procédé propre à l'ancien système.

$$\frac{24}{\frac{2}{3}} \qquad \frac{18}{\frac{3}{4}} \qquad \frac{12}{\frac{5}{6}}$$

$$\frac{48}{72} \qquad \frac{54}{72} \qquad \frac{60}{72}$$

RÉDUCTION DES FRACTIONS A LEUR PLUS SIMPLE EXPRESSION.

Dans chaque fraction, sans changer la valeur,
On peut simplifier l'un et l'autre facteur ;
Divisant chacun d'eux par un nombre semblable,
Le résultat devient plus simple et plus traitable.
On divise d'abord les deux termes par *deux*,
Trois, *cinq*, *sept*, *onze*, *treize* ; et les restes entr'eux
Conservent leur rapport. Tout nombre réductible
Qu'un chiffre pair termine, est par *deux* divisible ;
Et lorsqu'en ajoutant les chiffres du total,
Leur ensemble est ou *trois* ou multiple légal,
Par *trois* on le divise. Cette règle prospère
Aux multiples de *neuf*, pour *neuf* aussi s'opère.
Par *cinq* ou par *zéro* l'ensemble terminé
Se divise par *cinq* dans tout nombre donné.
Pour réduire *cent huit*, *cent quarante-quatrième*,
D'après ce que prescrit la méthode elle-même,

$$\frac{108}{144} \qquad \frac{54}{72} \qquad \frac{27}{36} \qquad \frac{9}{12} \quad = \quad \frac{3}{4}$$

Je prendrai *la moitié* de cette fraction
Et la répèterai dans l'opération ;
Puis je prendrai *le tiers* : *les trois quarts* qu'elle donne,
Offre l'expression où ma règle se borne.
Mais pour mieux opérer, un principe opportun,
Nous conduit à chercher un diviseur commun :
Des deux termes toujours le plus grand se divise,
Par son inférieur, le quotient précise
Ce diviseur commun, quand il ne reste rien.
S'il reste quelque chose, un principe certain
Fait partager alors le diviseur utile
Par le reste, et suivant cette route facile,
On parvient à trouver un juste diviseur,
Qui partage en effet l'un et l'autre facteur.
Lorsque par l'unité le reste est divisible,
On ne peut l'opérer, elle est irréductible.
Faisons, d'après l'usage, une application,
Et prenons pour cela la même fraction.

$$\frac{108}{144} \qquad 36\left.\begin{matrix}144\lceil 108 \\ \dfrac{}{1}\end{matrix}\right. \qquad 00\left.\begin{matrix}108\lceil 36 \\ \dfrac{}{3}\end{matrix}\right. \qquad 00\left.\begin{matrix}144\lceil 36 \\ \dfrac{}{4}\end{matrix}\right. \qquad \frac{108}{144} = \frac{3}{4}$$

Divisant par *cent huit* mes *cent quarante-quatre*,
J'ai pour quotient *un*, *trente-six* à rabattre ;
Je divise *cent huit* alors par *trente-six* :
Il est juste et je vois quel est le nombre admis,
Puisqu'il divise alors, sans la moindre conteste,
Mes deux facteurs connus, donnant *trois quarts* pour reste.

DES OPÉRATIONS DE L'ARITHMÉTIQUE SUR LES FRACTIONS.

Sur les nombres entiers tout ce que l'on prescrit
S'applique aux portions de chaque entier réduit :

On ajoute et soustrait , multiplie et divise
Toutes les fractions : la règle l'autorise.

DE L'ADDITION DES FRACTIONS.

Quand dans les fractions le dénominateur
Est le même, ajoutez chaque numérateur ,
Et donnez au total le nombre qui s'applique
A chaque fraction, le bon sens vous l'indique.
Ainsi, pour ajouter ces quatre fractions ,

$$\frac{3}{16} \quad \frac{5}{16} \quad \frac{7}{16} \quad \frac{9}{16} = \frac{24}{16}$$

Joignez *trois*, *cinq*, *sept*, *neuf*, sans préparation ,
Offrant pour résultat *vingt-quatre seizièmes*.
Pour chaque addition les règles sont les mêmes.
Les dénominateurs , quand ils sont différents ,
Ne peuvent s'ajouter : des principes constants
Disent de les réduire, après quoi l'on ajoute
Tous les numérateurs , sans le plus léger doute ;
Une moitié , deux tiers, trois quarts se changeront
En *six*, en *huit*, en *neuf*, et *douzième* feront.
J'aurai pour résultat *vingt-trois ;* or, j'assure
Que pour tout autre cas c'est une règle sûre.

$$\frac{1}{2} \quad \frac{2}{3} \quad \frac{3}{4}$$

$$\frac{6}{12} \quad \frac{8}{12} \quad \frac{9}{12} = \frac{23}{12}$$

DE LA SOUSTRACTION DES FRACTIONS.

Quand de deux fractions le dénominateur
Est le même, on soustrait l'un de l'autre facteur,
En donnant à l'excès cette valeur sensible
Du dénominateur qui seule est admissible.
Ainsi pour retrancher *cinq huitièmes* de *sept*,
Je vois qu'il reste *deux :* ce principe est direct.
Cinq seizièmes ôtés de *quatorze seizièmes*,
Donnent *neuf :* c'est assez pour ces faibles problèmes.

$$\frac{7}{8} - \frac{5}{8} = \frac{2}{8} \qquad \frac{14}{16} - \frac{5}{16} = \frac{9}{16}$$

Le dénominateur, principe général,
Dans les deux fractions, quand il n'est pas égal,
Doit toujours se réduire, après quoi l'on opère
Selon ce qu'on a dit, par la règle ordinaire.
Pour ôter *cinq, deux tiers* de *trente-deux, trois quarts*,
Je les classe d'abord, comme on voit, en deux parts,
Changeant mes fractions en *huit* et *neuf douzièmes*,
Que je puis retrancher, les règles sont les mêmes,
J'ai pour reste *vingt-sept, un douzième*, il suffit,
Et cet exemple seul aux autres cas conduit.

$$
\begin{array}{rcl}
32\ \frac{3}{4} &=& \frac{9}{12} \\[4pt]
5\ \frac{2}{3} &=& \frac{8}{12} \\[2pt]
\hline
27 & & \frac{1}{12}
\end{array}
$$

DE LA MULTIPLICATION DES FRACTIONS.

Avec ordre et clarté les fractions se lient,
Par un principe sûr elles se multiplient :
On répète d'abord les deux numérateurs
L'un par l'autre et l'on passe aux dénominateurs ;
Le nombre résultant de ce double assemblage
Indique le produit dont je dois faire usage.
Si je veux obtenir les *deux tiers* de *trois quarts* ,

$$\frac{2}{3} \times \frac{3}{4} = \frac{6}{12}$$

Je partage d'abord mes facteurs en deux parts ;
Puis je dis *deux fois trois* donne *six* que je pose ,
Trois fois quatre font *douze :* or, mon tout se compose
De *six douzièmes* , d'une moindre valeur
Que ne l'est, il est vrai, l'un ou l'autre facteur :
C'est que de l'unité la portion possible
Donne un produit moins fort : la raison est sensible.
Deux tiers d'une unité font *deux tiers* au total ;
Les *deux tiers de trois quarts* , par un principe égal ,
Donneront beaucoup moins : les grandeurs réparties
Formeront toujours plus qu'une de leurs parties.
Or, le *tiers de trois quarts* donne *un quart* bien compté ,
Et les *deux tiers* , *deux quarts* , voilà la vérité.
Lorsque la fraction par l'entier se répète ,
Par le numérateur ce dernier se complète.
Un quart multiplié par l'entier *trente-deux* ,
Donne *trente-deux quarts* ; le fait n'est pas douteux.

$$\frac{1}{4} \times 32 = \frac{32}{4}$$

De même l'entier *huit* par *deux tiers* nous présente
Seize tiers et l'on voit que la règle est constante.

$$8 \times \tfrac{2}{3} = \tfrac{16}{3}$$

Mais lorsque les entiers sont joints aux fractions,
Il faut pour opérer des préparations :
On réduit les entiers, et la règle est expresse,
Tels que les fractions, et de la même espèce.
Or, pour multiplier *quatorze entiers un quart*,
Par *quatre entiers deux tiers*, il faut avoir égard
Aux principes admis ; c'est-à-dire réduire
Quatorze entiers un quart, *en quarts*, et se conduire
Pour *quatre entiers deux tiers*, de la même façon,
Pour ne faire en un mot qu'une opération :
C'est *cinquante-sept quarts* qu'il faut qu'on multiplie
Avec *quatorze tiers* par la règle établie.

$$14 \tfrac{1}{4} \times 4 \tfrac{2}{3}$$

$$\tfrac{57}{4} \times \tfrac{14}{3} = \tfrac{798}{12}$$

DE LA DIVISION DES FRACTIONS.

L'une par l'autre il faut quand on veut diviser
Deux seules fractions, d'abord les disposer ;
De la première alors numérateur s'allic
Au dénominateur suivant qui multiplie ;
De la première aussi le dénominateur
Doit se multiplier par le numérateur.

Ainsi , pour diviser *trois quarts* par *cinq sixièmes* ,
D'après ce qu'ont prescrit les anciens systèmes ,
Je dirai *trois fois six* font *dix-huit* que je mets ;
Quatre fois cinq font *vingt* , *dix-huit vingtièmes* nets.

$$\frac{3}{4} \;:\; \frac{5}{6} \;=\; \frac{18}{20}$$

L'entier par fraction peut être divisible ;
Par fraction l'entier est chose aussi possible.
Pour pouvoir diviser par une fraction
Des entiers , il convient dans l'opération ,
De les multiplier d'après la règle admise
Au dénominateur , et la valeur requise
Se détermine alors par le numérateur ,
Lequel se renversant est dénominateur.
Ainsi , pour diviser *quinze* par *cinq huitièmes* ,
Je dis *quinze fois huit* font *cent vingt-cinquièmes* ,

$$15 \;:\; \frac{5}{8} \;=\; \frac{120}{5}$$

Si je veux diviser *trois quarts* également
Par *six entiers* , il faut répéter seulement
Le dénominateur par *six entiers* et dire :
Quatre fois six , *vingt-quatre* ; avant de les écrire ,
Il faut d'abord placer notre numérateur ,
Qui ne change jamais au quotient facteur.
Le résultat s'élève à *trois vingt-quatrièmes* :
Et pour les autres cas les règles sont les mêmes.

$$\frac{3}{4} \;:\; 6 \;=\; \frac{3}{24}$$

Mais lorsque les entiers sont joints aux fractions,
Ces entiers sont changés, par les traductions,
En dénominateurs, chacun de même sorte,
De l'humble fraction qui toujours les escorte.
Pour pouvoir diviser *vingt-cinq entiers un quart*,
Par *cinq entiers deux tiers*, je les réduis à part,
Et j'obtiens *cent un quarts*, *dix sept tiers* que je place,
En appliquant ainsi la formule efficace.

$$25 \tfrac{1}{4} : 5 \tfrac{2}{3}$$

$$\frac{101}{4} : \frac{17}{3} = \frac{303}{68}$$

DES FRACTIONS ORDINAIRES MISES EN DÉCIMALES.

Par un principe sûr, l'exacte fraction,
En décimales mise, avec intention,
Abrège le calcul en le rendant facile;
Je vais donc indiquer cette formule utile,
Dont l'heureux résultat, par un moyen constant,
Offre au calculateur un principe excellent,
Lorsqu'on voudra donner aux portions égales
Des simples fractions, des formes décimales,
Il faudra diviser chaque numérateur,
Par le nombre opposé dit dénominateur,
En mettant un zéro pour avoir des dixièmes,
Pour des centièmes deux, et trois pour des millièmes;
Or, pour savoir combien *trois cinquièmes* feront
En mettant deux zéros ils se convertiront;

Et, comme on voit ici d'après les règles mêmes,
Le résultat réduit donnera *six dixièmes.*

$$\frac{3}{5} = \frac{3,0}{00} \left\{ \frac{5}{0,6} \right.$$

Cinq huitièmes dès-lors feront, étant réduits,
Zéro six cent vingt-cinq au quotient écrits.

$$\frac{5}{8} = \begin{matrix} 5,000 \\ 20 \\ 40 \\ 0 \end{matrix} \left\{ \frac{8}{0,625} \right.$$

De même *cinq deux tiers*, par cette loi constante,
Donnent pour résultat l'expression suivante :

$$5\frac{2}{3} = \frac{17}{3} \begin{matrix} 17,000 \\ 20 \\ 20 \\ 20 \\ 2 \end{matrix} \left\{ \frac{3}{5,666} \right.$$

SYSTÈME MÉTRIQUE DÉCIMAL.

Le nouveau système des poids et mesures est appelé *métrique*, parce que le *mètre* en est la base ; on l'appelle aussi
légal, parce qu'il est le seul reconnu par la loi, et par conséquent obligatoire pour tous les Français. L'usage exclusif en
est exigé dans tous les actes publics, et la loi sur l'Instruction
primaire en prescrit l'enseignement dans toutes les écoles.

Le système métrique est tiré de la grosseur de la terre ou
du contour du globe que nous habitons.

Sans vouloir exposer ici en détail les grands travaux exé-
cutés par les savants pour reconnaître les dimensions du globe, nous dirons seulement qu'au moyen de procédés sûrs et
rigoureux, MM. Méchin et Delambre mesurèrent l'arc du

méridien qui traverse la France depuis Dunkerque jusqu'à Barcelone ; ensuite, MM. Biot et Arago continuèrent cette mesure depuis Barcelone jusqu'à l'île de Formentera. D'après les importants mémoires dressés par ces savants, et les calculs les plus certains, on parvint à déterminer la distance qui va du *pôle boréal à l'équateur*. La dimension obtenue fut divisée par 10, 000, 000, et le quotient de cette division fut la longueur fixée pour l'unité fondamentale, à laquelle on donna le nom de mètre du mot grec *métron*, qui signifie mesure. Le *mètre* est donc la dix-millionième partie du quart du méridien ou de la circonférence de la terre, ce qui est la même chose.

Le *mètre* est une mesure de longueur, qui équivaut à 3 pieds, 0 pouce, 11 lignes 296 millièmes ; il est aussi les 17/20e de l'aune.

Tous les autres poids et mesures sont formés ou dérivés du mètre, c'est ce qui constitue le système métrique décimal.

Il y a six mesures principales ou fondamentales, savoir :

Le MÈTRE,   Le STÈRE,
L'ARE,   Le GRAMME,
Le LITRE,   Le FRANC.

Ces six mesures ne pouvant suffire, vu que dans les choses usuelles l'on a à mesurer et à peser des volumes plus ou moins considérables, on a établi des subdivisions et des multiples de chaque unité qui se rattachent au système décimal ; chaque unité en vaut dix d'un ordre inférieur et est elle-même le dixième d'une unité supérieure.

Les dénominations employées pour exprimer les multiples, sont tirées du grec ; les dénominations pour les subdivisions, qu'on appelle aussi sous-multiples décimaux, sont tirées du latin.

Voici les noms des multiples et sous-multiples décimaux.

Multiples.		
MYRIA,	dix mille,	10,000
KILO,	mille,	1,000
HECTO,	cent,	100
DÉCA,	dix,	10

Ici se place l'unité de chaque espèce de mesure.

DÉCI,	dixième,	0,1
CENTI,	centième,	0,01
MILLI,	millième,	0,001

NOMS DES SIX UNITÉS PRINCIPALES.

MÈTRE.
ARE.
LITRE.
STÈRE.
GRAMME.
FRANC.

Voilà les *treize mots* ou les *treize dénominations* dont on se sert dans tout le système métrique : ils remplacent la multitude des anciennes dénominations ; on n'a donc qu'à confier à sa mémoire ces *treize mots nouveaux* pour bien connaître les multiples, les sous-multiples et les unités de tout le système métrique.

Mesures de longueur. — MÈTRE.

Le *mètre* est l'unité fondamentale. Le *mètre* sert à mesurer les étoffes, les petites distances, etc. Les multiples *myria-mètre, kilomètre, hectomètre,* sont réservés pour les *mesures itinéraires.* Le *mètre* avec ses multiples et sous-multiples a remplacé les lieues, les toises, les pouces, les lignes, etc.

Voici le tableau des multiples et des sous-multiples du mètre.

LE MYRIAMÈTRE. Cette mesure vaut 10,000 mètres.

LE KILOMÈTRE. C'est la dixième partie du myriamètre ; il équivaut à 100 mètres.

L'HECTOMÈTRE. Cette mesure vaut 100 mètres.

LE MÈTRE. C'est l'unité fondamentale.

LE DÉCIMÈTRE. C'est le dixième du mètre.

LE CENTIMÈTRE. C'est le centième du mètre.

LE MILLIMÈTRE. C'est le millième du mètre.

Mesures agraires. — ARE.

L'*Are* sert à mesurer ou évaluer les surfaces ou la superficie des terrains. L'*are* est de cent mètres carrés, ou un carré de dix mètres sur chacun de ses quatre côtés. L'*are* remplace toutes les anciennes mesures agraires, l'arpent, le journal, le quartier, la boisselée, la perche, le carreau, la mencaudée, la sétérée, etc.

Les multiples et sous-multiples de l'are sont :

L'HECTARE. C'est un carré qui a 100 mètres de chaque côté ou 10,000 mètres carrés.

L'ARE. Unité de mesure de cent mètres carrés.

LE CENTIARE. C'est un carré qui a un mètre sur chaque côté; il est le centième de l'are et le dix-millième de l'hectare.

Mesures de capacité pour les liquides et les matières sèches.
LITRE.

Le *litre* sert à évaluer la contenance, la capacité, comme les liquides et les grains. Le *litre* est le *décimètre cube*, qui est un cube dont les six faces carrées ont un décimètre de côté; mais le litre n'est pas employé sous la forme cubique, qui eût été incommode dans le commerce : on lui a donné la forme cylindrique. Il remplace le muid, la barrique, la velte, la pinte, la bouteille, etc., dont on se servait pour les liquides; ainsi que le muid, le setier, le boisseau, dont on se servait pour les grains et autres matières sèches.

Les multiples et sous-multiples du litre sont :

Le KILOLITRE. C'est une mesure qui vaut 1,000 litres.

L'HECTOLITRE. C'est une mesure de 100 litres.

LE DÉCALITRE. C'est une mesure de 10 litres.

LE LITRE. C'est l'unité principale.

LE DÉCILITRE. C'est le dixième du litre.

LE CENTILITRE. C'est le centième du litre.

On ne dit pas *myrialitre* ni *millilitre*.

Mesures pour les bois de chauffage. — STÈRE.

L'unité de mesure pour les bois de chauffage est le *stère*, qui n'a pas de multiple. On compte par décastères, stères et décistères. Le stère remplace la solive, la corde, la voie, la toise cube, etc.

LE DÉCASTÈRE.   C'est un solide équivalant à dix mètres cubes.

LE STÈRE.   C'est un mètre cube.

LE DÉCISTÈRE.   C'est le dixième du stère, qui vaut 100 décimètres cubes.

Mesures de poids. — GRAMME.

L'unité des poids-mesures est le *gramme.* Il sert à évaluer la pesanteur des choses ou des corps. Le poids du gramme est égal à un centimètre cube d'eau distillée, pesée dans le vide et à la température de 4 dégrés. Il remplace la livre, (poids) l'once, le gros, etc.

Les multiples et sous-multiples sont :

LE MYRIAGRAMME.   C'est un poids de 10,000 grammes.

LE KILOGRAMME (1).   C'est un poids de 1,000 grammes.

L'HECTOGRAMME.   C'est un poids de 100 grammes.

LE DÉCAGRAMME.   C'est un poids de 10 grammes.

LE GRAMME.   C'est l'unité de poids, 18 grains 327 millièmes.

LE DÉCIGRAMME.   C'est le poids d'un dixième de gramme.

LE CENTIGRAMME.   C'est le centième du gramme.

LE MILLIGRAMME.   C'est le millième du gramme.

---

(1) Quelques négocians commettent une faute très-grave en substituant le mot *kilo* au mot *kilogramme* ; *kilo* ne signifie pas plus *kilogramme*, que *kilomètre*, *kilolitre*. *Kilo* signifie *mille* : on ne peut isoler ce mot des mesures avec lesquelles il se combine.

Monnaies.

L'unité monétaire est le *franc*. Le franc se compose de 9 dixièmes d'argent et d'un dixième de cuivre. Il pèse 5 grammes et remplace la livre tournois.

Du franc on a formé :

LE DÉCIME.   Qui est le dixième du franc, 0,1.

LE CENTIME.   Qui est le centième du franc, 0,01.

Le décime et le centime, remplacent les anciennes dénominations de sous et deniers.

—⁕⋙❀❁ ❸ ❁❀⋘⁕—

CONVERSION DES ANCIENNES MESURES EN NOUVELLES

ET RÉCIPROQUEMENT. (1)

Quand il faudra changer chaque ancienne mesure
En nouvelle, on devra, dans cette conjoncture,
Prendre l'heureux rapport et tel qu'il est inscrit,
D'ancienne à la nouvelle, en basant son produit,
D'après la quantité des valeurs anciennes,
Des nouvelles on a les mesures certaines.
Or, si l'on veut savoir, principe général,
Combien huit aunes font de mètres au total,

(1) La conversion des anciennes mesures en nouvelles et réciproquement, ne doit pas être enseignée aux élèves ; un arrêté du Conseil royal le défend ; mais, comme l'usage du système métrique n'est pas encore aussi universellement répandu qu'il devrait l'etre, cette conversion est toujours nécessaire afin qu'on se familiarise entièrement avec le nouveau système et qu'on puisse changer en nouvelles, les anciennes dénominations ou évaluations qui se trouvent dans les vieux titres de vente, etc.

Il faut multiplier le rapport salutaire
De l'aune au mètre afin qu'un produit exemplaire
Fixe le résultat : un, cent quatre-vingt-huit
Pris huit fois donnera cet utile produit.

Aunes.   Mètres.

$8 \times 1{,}188 = 9{,}504$

Les calculs prennent donc des formes moins bizarres ,
Combien trente journaux formeront-ils d'hectares,
Carreau de dix-huit pieds ? il faut multiplier
Trente par le rapport que l'on voit s'y lier ,
Trente-quatre, dix-neuf : or, le produit présente
Dix hectares, un quart par la règle constante.

Journaux.   Hectares.

$30 \times 34{,}19 = 10{,}2570$

Je n'irai pas plus loin , une opération ,
Démontre avec clarté cette réduction.
Pour pouvoir convertir la nouvelle mesure
En ancienne , on devra consulter sa nature ,
Et puis multiplier le rapport constaté
De la nouvelle à l'autre, ainsi qu'il est porté ,
Par le total fixé des nouvelles certaines ,
Ce produit fera voir le nombre des anciennes.
Combien mille cent francs dont l'usage fait choix ,
Nous rapporteront-ils mis en livres tournois ?
Il faut pour l'opérer prendre le rapport même
Offrant *un, zero, treize* , et d'après le système ,
On le multipliera par le total donné
Mille cent francs, suivant le principe ordonné :
Mille cent quatorze, trois sont à peu de chose
Le résultat cherché tel qu'on nous le propose.

$1100 \times 1{,}013 = 1114{,}3$

Quinze mètres, réduits par l'usage reçu ,
En aunes se mettront, d'après cet aperçu
Il faut multiplier le rapport très-sensible
Huit cent quarante-deux , au total réductible ;
Et l'humble résultat, *douze* , *soixante-trois* ,
En aunes nous fait voir qu'on en doit faire choix.

Mètres.   Aunes.

15   $\times$ 0,842 $=$ 12,63

Pour trouver le montant d'une ancienne mesure
Fixé sur la nouvelle en cette conjoncture ,
De la nouvelle, il faut multiplier le prix
Par le rapport connu , sur le principe admis ,
De l'ancienne valeur à la valeur nouvelle ,
On aura de l'ancienne une valeur réelle.
Le décalitre de blé est au prix de trois francs ,
A combien le boisseau ? par les raisonnements ,
Du boisseau le rapport au simple décalitre
Est *un* , *plus trois cent un*. Il faut donc sur ce titre ,
Baser son résultat répété par le prix ,
Ce boisseau coûtera *trois francs quatre-vingt-dix* :

3 fr. $\times$ 1,301 $=$ 3 fr. 90

L'exacte vérité brave le ridicule ;
Je vais de l'autre cas indiquer la formule.
Sur l'ancienne mesure on peut déterminer
Le prix de la nouvelle, il faut donc ordonner
De prendre le rapport, pour la marque certaine,
De la nouvelle alors à la valeur ancienne ;
Et puis le répéter par le prix reconnu :
De la nouvelle on a le nombre convenu.

En achetant son drap on sait ce qu'en vaut l'aune,
Trente-six francs dix sous, pour un habit d'automne
A combien, sur ce prix, le mètre revient-il?
Il faut, pour le trouver, un calcul bien subtil ;
On réduira d'abord les dix sous en centimes,
Tout en se conformant aux utiles maximes,
Et puis par le rapport du mètre à l'aune, enfin
En répétant le prix par un heureux destin,
L'utile résultat sous nos doigts se présente :
Le nombre ci-dessous suit de près notre attente.

$$36 \text{ f. } 50 \times 0,841 = 30 \text{ f. } 70$$

RAPPORT DES NOUVELLES MESURES AUX ANCIENNES

ET RÉCIPROQUEMENT.

Des Nouvelles aux anciennes.

1 Mètre égale une 1/2 toise, ou 0,513 de toise.
1 Mètre égale les 17/20 de l'aune, ou 0,841 d'aune.
1 Mètre égale 3 pieds, ou 3,078 de pied.
1 Myriamètre égale 2 lieues 1/4, ou 2,25 de lieue terrestre.
1 Myriamètre égale 1 lieue 4/5, ou 1,8 de lieue marine.
1 Myriamètre égale 2 lieues 1/2, ou 2,565 de lieue de poste·
1 Mètre carré égale 1/4 de toisé carrée, ou 0,263 de toise carrée.
1 Mètre carré égale 9 pieds 1/2, ou 9,468 de pied.
1 Hectare égale 3 journaux environ, ou 300 carreaux, ou 94,700 pieds carrés.
1 Stère ou Mètre cube égale 1/4 de corde, ou 0,260 de corde.
1 Mètre cube égale 1/4 toise cube, ou 0,135 de pied cube.

1 Mètre cube égale 29 pieds 1/6 , ou 29,173 de pied.
1 Kilolitre égale 76 boisseaux 4/5 , ou 76,800 de boisseau.
1 Hectolitre égale 7 boisseaux 2/3 , ou 7,680 de boisseau.
1 Décalitre égale 3/4 de boisseau , ou 0,768 de boisseau.
1 Hectolitre égale une 1/2 barrique, ou 13 veltes 1/2 environ.
1 Décalitre égale une velte 1/3 environ , ou 1,342 de velte.
1 Litre égale une pinte et 1/13e, ou 1,073 de pinte.
1 Quintal nouveau égale 1 quintal ancien , ou 0,043.
1 Kilogramme égale 2 livres 1/2 , ou 2,042 de livres.
1 Gramme égale 19 grains, ou 18,827 de grain.
1 Franc égale 1 livre tournois , 0,13.
1 Décime égale 2 sous , 3.
1 Centime égale 2 deniers , 43.

Des Anciennes mesures aux Nouvelles.

L'aune vaut, en mètres.	1, 188
La toise vaut, en mètres.	1, 949
La lieue de 25 au degré vaut en myriamètres. .	0, 444
La toise carrée vaut, en mètres carrés. . . .	3, 799
L'arpent ou le journal de 18 pieds vaut, en hect.	0, 34, 19
La perche ou le carreau de 18 pieds vaut, en ares.	0, 34, 19
La toise cube vaut, en mètres cubes.	7, 404
La corde des eaux et forêts vaut, en stères. . .	3, 839
La solive vaut, en décistères.	1, 028
Le muid de grains vaut, en kilolitres. . . .	1, 873
Le setier de grains vaut, en hectolitres. . . .	1, 561
Le boisseau vaut, en décalitres.	1, 301
Le litron vaut, en litres.	0, 813
Le muid de Paris vaut, en hectolitres. . . .	2, 682
La pinte vaut, en litres.	0, 931
Le quintal ancien vaut, en nouveau. . . .	0, 49
La livre tournois vaut, en francs.	0, 998
Le sou vaut, en décimes.	0, 5
Le denier vaut, en centimes.	0, 42

SECONDE PARTIE.

DES PROPORTIONS.

Quand deux rapports égaux ont des relations,
Leurs quantités alors sont en proportions.
Quatre nombres placés comme on les voit paraître,
Offrent des résultats qu'il est bon de connaître.

$$3 \; : \; 12 \; :: \; 8 \; : \; 32$$

Quand l'excès du second à l'égard du premier,
Est semblable à l'excès du troisième au dernier,
Cette proportion est dite arithmétique;
Tout multiple rapport la rend géométrique.
Le premier, le troisième ont noms *Antécédents*,
Le second, le dernier s'appellent *Conséquents*.
Dans la proportion *le produit des extrêmes*
Et celui des moyens restent toujours les mêmes.
Ce principe établi, la règle y correspond;
Chaque premier rapport est semblable au second.
Trois termes indiqués, quand on les voit paraître,
Font que le quatrième est facile à connaître.
Toute proportion, par des pouvoirs constants,
Sans en troubler l'effet subit huit changements.

$$3 \; : \; 12 \; :: \; 8 \; : \; 32$$
$$3 \; : \; 8 \; :: \; 12 \; : \; 32$$
$$12 \; : \; 32 \; :: \; 3 \; : \; 8$$
$$12 \; : \; 3 \; :: \; 32 \; : \; 8$$
$$8 \; : \; 32 \; :: \; 3 \; : \; 12$$
$$8 \; : \; 3 \; :: \; 32 \; : \; 12$$
$$32 \; : \; 8 \; :: \; 12 \; : \; 3$$
$$32 \; : \; 12 \; :: \; 8 \; : \; 3$$

Lorsque l'on veut trouver un des termes extrêmes,
Il faut multiplier les moyens par eux-mêmes,
Diviser le produit par l'extrême énoncé,
L'autre extrême s'obtient tel qu'il est annoncé.
Quand on cherche un moyen on fait tout le contraire
Et l'on suit en cela la formule ordinaire.

USAGE DES PROPORTIONS.

DE LA RÈGLE DE TROIS DIRECTE ET SIMPLE.

Le principe établi pour la règle de trois,
Fait trouver un produit quand on en connaît trois;
Il faut bien distinguer et la simple et directe,
Et la simple et l'inverse en ce qui la complète.
Quand quatre quantités forment proportion;
On doit examiner dans chaque question,
Si le plus et le moins veulent la même chose,
Elle est alors directe : il faut qu'on la dispose,
En mettant à côté de chaque antécédent,
Le nombre relatif appelé conséquent,
Et puis multiplier par la formule admise,
L'un et l'autre facteur : le produit se divise
Par l'extrême connu; le quotient complet
Fait connaître aussitôt le terme qu'on cherchait.

Dans un temps exprimé, vingt ouvriers habiles,
Ont fait cinquante habits; pour mille habits utiles,
Et dans le même temps, que faut-il d'ouvriers
Pour les faire en tous points semblables aux premiers?

On sent que mille habits, la chose est infaillible,
Veulent plus d'ouvriers, et rien n'est si sensible;
Le rapport est direct, et le raisonnement
Veut qu'on l'écrive ainsi d'après le règlement :
Or, *cinquante est à vingt* comme *mille est à x*.
Toujours sur un principe il faut que l'on se fixe.

$$50 \; : \; 20 \; :: \; 1000 \; : \; x = 400$$

$$\frac{1000}{\begin{array}{l} 20000 \\ 0000 \end{array}} \left\{ \frac{50}{400} \right.$$

Ainsi multipliant *vingt* par *mille* on obtient
Vingt mille ; divisés par *cinquante*, il revient
Quatre cents ouvriers : la règle inévitable,
Offre pour résultat un nombre incontestable.

Vingt-sept mètres d'étoffe ont ensemble coûté,
Six cents francs; que doit-on, en même qualité,
Payer pour trente-sept ? — *Par la règle établie*,
Trente-sept *par* six cents *dès lors se multiplie :*
Vingt-deux mille deux cents le fait n'est pas douteux,
Divisé par *vingt-sept* donne *huit cent vingt-deux*.

$$27 \; : \; 600 \; :: \; 37 \; : \; x$$

$$\frac{37}{\begin{array}{l} 22200 \\ 60 \\ 60 \\ 6 \end{array}} \left\{ \frac{27}{822} \right.$$

DE LA RÈGLE DE TROIS INVERSE ET SIMPLE.

Dans un nombre opposé la règle dite inverse
Se calcule, et le sens prescrit qu'on la renverse,

L'un à côté de l'autre, il faudra disposer
Les deux antécédents, l'*x* se doit placer
Au centre des facteurs, le produit se complète
Et l'un par l'autre extrême à la fin se répète ;
Et puis en divisant par le moyen connu,
On a le résultat dont on est convenu.
Mais je vais l'éclaircir autant qu'il m'est possible :
Un exemple suffit pour le rendre sensible.

Quinze ouvriers ont fait un ouvrage en vingt jours ;
Or, combien d'ouvriers, sans chercher de détours,
Faudra-t-il employer pour le faire en soixante ?

On voit en observant la méthode constante,
Qu'il en faut d'autant moins que le temps constaté,
Se trouve être plus long dans le cas précité.
Ainsi, multipliant *quinze* par *vingt*, on forme
Trois cents, qui divisés par la règle conforme
Soixante, nous font voir qu'il faut *cinq* ouvriers,
Pour pouvoir opérer l'ouvrage des premiers.

$$20 : 60 :: x : 15$$

$$\frac{15}{\begin{array}{c}300\\00\end{array}} \left\{ \frac{60}{5} \right.$$

Vingt-quatre onces de pain à chaque militaire
Suffisent chaque jour pour trois mois, mais que faire
Lorsque six cents soldats, confinés dans un fort,
Sont obligés cinq mois de rester dans ce port ;
Combien doit-on donner par jour, afin qu'en somme
On puisse conserver l'existence à chaque homme ?

On sent qu'il faut ici réduire la ration,
Et donner à chacun une moindre portion ;

Or, en l'établissant comme le veut l'usage,
J'ai la proportion dont je tire avantage :

$$3 : 5 :: x : 24$$

$$\begin{array}{c|c} 24 & 5 \\ \hline 72 & \\ 22 & 14\,\frac{2}{5} \\ 2 & \end{array}$$

Et pour bien l'opérer, je répète par *trois*,
Mes *vingt-quatre* placés à la règle de trois ;
Soixante-douze alors qui par *cinq* se divise,
Comme on voit ci-dessus, offre la part promise.

DE LA RÈGLE DE TROIS DIRECTE COMPOSÉE.

Il arrive souvent qu'une proportion
Contient plusieurs facteurs ; par abréviation,
A trois termes toujours il faudra la réduire,
Pour pouvoir obtenir ce qu'elle doit produire.

Trente ouvriers ont fait cent mètres en huit jours,
Combien dix ouvriers auxquels on a recours,
En deux jours seulement pourront-ils donc en faire ?

Par un raisonnement qui devient salutaire,
En travaillant *huit jours*, trente ouvriers actifs,
Ne feront jamais plus, les faits sont positifs,
Que *trente fois huit jours* ou bien *deux cent quarante*,
Ne travaillant *qu'un jour* : la raison est constante.
Dix ouvriers aussi produiront à leur tour,
Autant que *deux fois dix* ou *vingt* pendant un jour.
Deux cent quarante à cent est comme vingt à x,
Je puis donc opérer sur un principe fixe,

Et c'est ce que je fais; j'obtiens pour résultat,
Huit mètres, *plus un tiers* : le calcul est exact.

DE LA RÈGLE DE TROIS INVERSE COMPOSÉE.

L'inverse peut aussi se trouver composée ;
Il faut examiner comment elle est posée,
Et puis on réduira, d'après ce qu'on a dit,
Tous ses termes à trois : la règle le prescrit.

Vingt-cinq tailleurs ont mis trente-six jours à faire
Deux cents habits complets, propres aux militaires ;
Travaillant chaque jour, huit heures seulement,
Combien six cents tailleurs ayant même talent,
En douze heures par jour utilisant l'aiguille ,
Emploieront-ils de temps pour en faire deux mille ?

Ici *huit fois vingt-cinq* me donneront *deux cents* ;
Réduisant en un seul mes seconds conséquents ,
J'ai *sept mille deux cents* ; et ma règle parfaite
Fait voir qu'en *un seul jour* le travail se complète.

$$25 \times 8 : 600 \times 12 :: x : 36$$
$$200 : 7200 \qquad :: x : 36$$

$$\frac{\begin{array}{c} 36 \\ \hline 7200 \\ 0000 \end{array}}{} \left\{ \begin{array}{l} \dfrac{7200}{1} \qquad x = 1 \end{array} \right.$$

DE LA RÈGLE DE TROIS COMPOSÉE DE RAISONS
DIRECTES ET DE RAISONS INVERSES.

La règle quelque fois contient plusieurs rapports
Inverses et directs ; mettez tous vos efforts
A les bien distinguer et renversez le terme ,
Pour pouvoir obtenir le vrai sens qu'il renferme.

Pour creuser un fossé de vingt pieds de longueur,
Large de quatre pieds, de huit en profondeur,
Il a fallu dix jours à quinze hommes robustes,
Travaillant, chaque jour, huit heures vingt minutes;
Que faudra-t-il de jours à vingt-cinq ouviers
Ayant l'activité qu'on suppose aux premiers,
Pour en faire un second de cent pieds de distance,
Large et profond de dix, en suivant l'ordonnance,
Et qui, pour terminer avec plus de succès,
Travailleront par jour douze heures à-peu-près?

Plus on a d'ouvriers, la raison est sensible,
Moins il leur faut de jours pour un travail possible;
Je mets *quinze ouvriers* à mon second rapport,
Et *vingt-cinq* au premier; faisant même transport,
Pour les heures, je vois que ma règle est directe,
Et le nombre des jours aisément se complète.
Plus le travail est long, plus il faudra de temps;
Et je sens en un mot, par les raisonnemens,
Que je dois convertir les heures en minutes;
Et terminant enfin sans prendre de consultes,
D'après ce qu'on a dit par des calculs bien faits,
J'ai *soixante-cinq jours*, à peu de chose près.

	p.	p.	p.	h.	h.	m.	j.
	20.	4.	8.	15.	8.	20.	: 10.
	p.	p.	p.	h.	h.		
::	100.	10.	10.	25.	12.	: x	

$$20 \times 4 \times 8 \times 25 \times 720 : 10$$
$$:: 100 \times 10 \times 10 \times 15 \times 500 : x = 65\,\text{j.}$$

DE LA RÈGLE DE SOCIÉTÉ.

Quand on veut calculer le gain ou le dommage
D'une association faite d'après l'usage,
Entre négocians qui, pour mieux réussir,
Sur un fort capital basent leur avenir ;
On réunit d'abord les mises partielles,
Et puis en observant les lois essentielles,
On divise le gain par cet heureux total ,
Afin de découvrir un facteur général
Qui convienne à chacun, puis on le multiplie
Tour à tour par la mise à la règle établie.

    Quatre négocians ont fait société,
Et selon le montant que chacun a porté ;
Savoir pour le premier , trois mille francs d'avance ,
Cinq mille le second , sans autre circonstance ;
La somme du troisième est douze mille francs ;
Le quatrième met vingt mille francs comptants.
Combien chacun doit-il , sur la valeur acquise
De cent vingt-mille francs, avoir d'après sa mise ?

Des sommes de chacun , je ne fais qu'un produit,
Quarante mille francs , et d'après ce qui suit,
Je vois combien il est dès lors dans *cent vingt mille* ;
Le nombre *trois* est donc à chacun d'eux utile :
Par la mise première en le multipliant,
Je vois ce qu'il revient à chaque commerçant.

$$
\begin{array}{lll}
3000\ \text{f.} & 12000\ \text{f.} & \left\{ \dfrac{40000}{3} \right. \\
5000 & 0000 & \\
12000 & & \\
20000 & & \\
\overline{} & & \\
40000 & & \\
\end{array}
$$

$$
\begin{array}{rcrcr}
3000 & \times\ 3 & = & 9000\ \text{f.} \\
5000 & \times\ 3 & = & 15000 \\
12000 & \times\ 3 & = & 36000 \\
20000 & \times\ 3 & = & 60000 \\
\hline
 & & & 120,000 \\
\end{array}
$$

D'un malheureux marchand la triste réussite ,
Le força , malgré lui , de faire une faillite :
Il avait au total , pour douze créanciers ,
Cinquante mille francs ; ses soins particuliers
Sont de les réunir , en leur fixant d'avance ,
Le peu qu'il leur revient dans cette circonstance.
Le premier avait droit à quatre mille écus ;
Il devait au second quelque chose de plus,
Douze mille six cents , billets , lettres de change ;
Le troisième avait deux mille francs d'échange ;
Le quatrième hélas ! exhalait ses douleurs ,
Et quinze mille francs faisaient couler ses pleurs ;
Le cinquième était vraiment hors de lui-même ,
Vingt mille francs pour lui ! sa peine était extrême ,
Le sixième espérait sur treize mille francs ;
Le septième attendait sept mille francs comptants ;
Du huitième on plaignait l'outrageante disgrâce :
Avoir six cents louis de billets sur la place !
Le neuvième agissant au nom de ses amis ,
Pensait à mille écus entre ses mains remis ;
Le dixième comptait huit mille francs d'avance ,
En gémissant trop tard de trop de confiance ;
L'onzième prétendant à recevoir exact ,
Voyait de mille francs le triste résultat ;
Et le douzième enfin , dans cette conjoncture ,
Pour ses dix mille francs faisait triste figure.
Combien , au marc le franc , car il faut en finir ,
A chaque créancier devra-t-il revenir ?

Je ne fais qu'un total de toutes ses créances ,
Cent dix-huit mille francs vont donc subir les chances
D'une réduction ; j'obtiens , en divisant
Le triste capital de ce pauvre marchand

Cinquante mille francs, par *les cent dix-huit mille*,
Le facteur ci-dessous, qui rend le tout facile ;
Chaque somme par lui se doit multiplier,
Et présente la part de chaque créancier.

12,000 f.	50000 f. 0	118,000
12,600	280000	
2,000	440000	0,4237288
15,000	860000	
20,000	340000	
13,000	1040000	
7,000	960000	
14,400	16000	
3,000		
8,000		
1,000		
10,000		
118,000 f.		

	0,4237288		
12000	=	5084 f.	75
12600	=	5338	98
2000	=	847	46
15000	=	6355	93
20000	=	8474	58
13000	=	5508	48
7000	=	2966	10
14400	=	6101	68
3000	=	1271	19
8000	=	3389	83
1000	=	423	73
10000	=	4237	29
		50000 f.	00

DE LA RÈGLE D'INTÉRÊT.

On appelle intérèt, un certain bénéfice
Qu'autorise la loi, que prescrit la justice,
Provenànt de l'argent que quelqu'un a prété,
D'après un taux connu, pour un temps limité.
Pour cent francs, on retient quatre ou cinq francs d'avance
Et par an, c'est le taux fixé par l'ordonnance.
Ainsi pour obtenir, suivant ce taux légal,
L'intérêt, pour un an, d'un simple capital,
Il faut multiplier ce capital prospère
Par le taux exigé, c'est l'usage ordinaire.
On place une virgule et ce signal connu,
Au second chiffre à droite, au nombre convenu,
Indique l'intérêt, qu'alors on subdivise,
Quand on a moins d'un àn : la règle l'autorise.

On demande combien quatorze mille francs,
A cinq pour cent placés, donneront pour trois ans.

Il faut multiplier par *cinq*, *quatorze mille*,
En répétant par *trois*, le résultat utile ;
A droite au second chiffre, on sépare au total
Par la virgule enfin cet intérêt légal ;
Et *deux mille cent francs* montrent sans artifice,
Du capital placé quel est le bénéfice.

Combien deux mille francs, dans trois ans seulement,
A cinq pour cent placés, valent-ils au comptant ?

De même que *cent francs* à la fin de l'année,
S'élèvent à *cent cinq ;* cette somme donnée
Pour un an réduira d'autant le capital :
Quatre-vingt-quinze francs, c'est le produit final.

Après *trois ans* enfin une somme semblable,
Vaut *quatre-vingt-cinq francs* à l'instant acquittable.
Or, pour savoir combien valent *deux mille francs*,
Qu'on ne peut exiger aussi qu'après *trois ans*,
Il faudra calculer le quatrième terme
De la proportion pour voir ce qu'il renferme :

$$100 : 85 :: 2000 : x$$
$$2000$$
$$\overline{1700,00}$$

Et *mille sept cent francs* que la règle produit,
Vous indique au comptant le capital réduit.

A cinq pour cent prêtés, un mille cent cinquante,
Qu'on touche après trois ans, par la règle constante,
Doit faire découvrir quel est le capital
De l'intérêt ci-joint au nombre principal?

Cent quinze à *cent réduits*, à *trois ans* d'échéance,
Un mille cent cinquante en même circonstance,
Donneront *mille francs*, le principe tracé,
Nous montre clairement le capital placé.

$$115 : 100 :: 1150 : x = 1000$$

Deux mille francs acquis par la règle ordinaire,
Offrent le résultat d'un nombre salutaire,
On demande le taux de six cent francs placés,
Produisant cent vingt francs, pendant quatre ans laissés.

Je divise *cent-vingt* par le nombre d'années,
Ce qui fait *trente francs* par les règles données ;

Ce quotient trouvé, d'un an est l'intérêt,
Multiplié par cent, d'après un sûr arrêt,
En mettant deux zéros, qu'un principe autorise,
On a *trois mille francs* qu'il faut que l'on divise
Per *six cent*, capital tel qu'il est commandé,
On obtiendra *cinq francs* pour le taux demandé.

$$\frac{120}{4} = \frac{30 \times 100}{600} = 5\ \text{f.}$$

Six cent francs, capital, à cinq pour cent présente
Cent vingt francs d'intérêt; or, d'après cette attente,
Pour combien d'ans placé cet heureux capital,
A-t-il pu nous donner cet intérêt légal ?

En divisant *cent vingt*, par *cinq*, taux ordinaire,
On a *vingt-quatre francs*. Ce total salutaire
Multiplié par *cent*, par *six cent* divisé,
Pendant *quatre ans*, fait voir qu'on en a disposé.

$$\frac{120}{5} = \frac{24 \times 100}{600} = 4\ \text{ans}$$

DE LA RÈGLE D'ESCOMPTE.

Lorsque le créancier veut faire une remise,
Le débiteur alors, et la loi l'autorise,
En retranche l'escompte au susdit commerçant,
Qui change son billet pour de l'argent comptant.

On prend à six pour cent, dans n'importe quel compte,
L'argent que l'on retient, au seul titre d'escompte :

Combien mille cent francs, payables dans un an,
Valent-ils en un mot, donnés au même instant?

Multiplié par *six, mille cent francs* se change
En *six mille six cents*, pour opérer l'échange;
En divisant par *cent* le résultat final,
Soixante-six francs net est l'escompte légal;
Or, *mille trente-quatre* est la somme réduite:
De cette règle enfin chacun sent le mérite.

$$1100 \times 6 = 66 \text{ f. } 00 \quad 1100 - 66 = 1034$$

Mais pour trouver l'escompte avec facilité,
J'observe le principe en sa simplicité;
Et du nombre des jours en prenant le sixième
Et le multipliant par la somme elle-même,
J'obtiens l'escompte net, principe général,
Trois chiffres séparés à droite du total.
Or donc, *six mille franc*, à *six pour cent* d'escompte,
Pour *six jours* seulement, par cette règle prompte,
Nous donneront *six francs*, le principe est parfait,
Et c'est, vous l'avouerez, un calcul bientôt fait.
De *trois mille cent francs* l'escompte avec justice,
Pour *quarante-deux jours*, par la règle propice,
S'obtient facilement; car de *quarante-deux*,
Le *sixième* offre *sept*, le fait n'est pas douteux;
Répété par la somme, en suivant ces maximes,
On a *vingt et un francs*, *soixante et dix centimes*.

$$3100 \text{ f. } \frac{42 \text{ jours.}}{6} = 7 \times 3100 = 21 \text{ f. } 70$$

De même pour avoir l'escompte à *six pour cent*,
De *huit mille sept cents* pour un jour seulement ;
Il faut de cette somme, en suivant le système,
Calculer la valeur en prenant le *sixième :*
Un franc quarante-cinq est l'escompte obtenu,
Par un moyen bien prompt qui n'était pas connu.
Observons en passant que l'escompte est facile,
Quand on l'a pour deux mois, car celui de dix mille
Nous donnera cent francs, séparant comme on voit,
Deux chiffres au produit, le reste se conçoit.
Pour tous les autres mois la règle nous protège,
On sent que le calcul avec raison s'abrège
Car en ayant l'escompte à prendre pour huit mois,
De *mille cinq cent francs, on répète à-la-fois*
Le capital donné par *quatre*, il en résulte,
Soixante francs acquis, sans chercher de consulte.

$$1500 \times 4 = 60,00$$

Or quel que soit le taux, chaque opération
Peut se multiplier par l'observation.
Pour *trois pour cent*, des jours on prend le *douzième*,
Et l'on répète alors le capital lui-même
Par ce *douzième* acquis, l'utile résultat,
Trois chiffres séparés et l'intérêt exact.
Ainsi, cinq mille francs, à trois pour cent, présente,
Après vingt-quatre jours, par la règle constante,
Dix francs que l'on obtient, suivant ce que prescrit
La règle que l'on voit sur ce fidèle écrit.

$$\frac{22}{24} = 2 \qquad 5000 \times 2 = 10 \text{ f. } 000$$

Pour *quatre*, on doit des jours en prendre *le neuvième*,
Et suivre exactement ce que dit le système :
C'est-à-dire qu'il faut qar ce *neuvième* acquis,
Prendre le capital qui s'y trouve soumis ;
En separant toujours trois chiffres sur la droite,
On obtient l'intérêt d'une manière adroite.
Cinq mille huit cents francs en soixante-trois jours,
A quatre étant placés, nous donnent sans détours,
Quarante francs soixante : en suivant la formule,
L'intérêt, comme on voit aisément se calcule ;
Et par des procédés aisés à retenir,
On voit d'un seul coup-d'œil ce qu'on doit obtenir.

$$\frac{63}{9} = 7 \quad 5800 \text{ fr} \times 7 = 40,600$$

A *cinq pour cent*, des jours on en prend le *sixième*
Et puis du capital on ôte le *douzième ;*
Ensuite on multiplie ensemble ces facteurs,
Et le produit fait voir, étant exempt d'erreurs,
L'intérêt qu'il produit, en séparant d'avance
Deux chiffres sur la droite, en suivant l'ordonnance.
Ainsi, six mille francs pendant quarante-huit jours,
Placés à cinq pour cent, donnent d'après ce cours,
Un intérêt légal. *Six mille*, sans conteste,
Dont on prend le douzième offrent *cinq cents* pour reste.
Quarante-huit divisés par *six* nous donnent *huit*.
Ces nombres répétés procurent un produit
Qui, divisé par *cent*, nous montre avec justice,
Que l'intérêt *quarante* en est le bénéfice.

$$\frac{6000}{12} = 500 \quad \frac{48}{6} = 8 \quad 500 \times 8 = 40 \text{ f. } 00$$

DE L'INTÉRÊT COMPOSÉ RELATIF AUX MINEURS.

L'intérêt qui cumule, au capital passant,
Présente un résultat qui va toujours croissant;
Il faut pour l'obtenir ajouter chaque année
Cet utile intérêt à la somme donnée,
En faisant le calcul avec attention,
Ainsi qu'il est prescrit dans l'opération.
Ce moyen est très-long, celui que je propose,
Indique clairement comment il se compose.
Par un principe sûr, l'exacte vérité
Fait trouver l'intérêt et sans difficulté :
Il faut multiplier le facteur qui résulte
Pour le nombre des ans à la puissance juste,
Que je rapporte ici, par chaque capital,
On obtient l'intérêt avec le principal.
Si je voulais savoir dans cette circonstance
Combien *vingt mille francs* conservés à l'enfance
Pourraient, après seize ans, présenter au mineur,
Je les multiplierais dès-lors par le facteur
Pour *seize ans* indiqué; par cette règle utile,
Le moyen compliqué devient simple et facile :
Le produit ci-dessus, promptement calculé
Fait voir du capital l'intérêt cumulé.

$$20000 \times 2{,}182874 = 43657 \text{ f. } 49$$

Facteurs relatifs aux années.

2 ans	1,1025	6 ans	1,34009564
3 ans	1,1576	7 ans	1,40710042
4 ans	1,215506	8 ans	1,47745544
5 ans	1,27628156	9 ans	1,55132882

10 ans	1,62889463	16 ans	2,18287459
11 ans	1,71033936	17 ans	2,29202595
12 ans	1,79585633	18 ans	2,40661923
13 ans	1,88564914	19 ans	2,59695020
14 ans	1,96162105	20 ans	2,65329771
15 ans	2,07892818		

DE LA RÈGLE D'ALLIAGE.

La règle d'alliage à chacun nécessaire,
Fait trouver la valeur moyenne et salutaire
De plusieurs quantités à des prix différents,
Que l'on réduit en un, par des calculs constants.
Il faut multiplier le prix de chaque chose,
Par le nombre donné de celle qu'on propose,
Et diviser après le total obtenu,
Par celui des objets que l'on a reconnu.

Or, quelqu'un veut savoir, dans cette conjoncture,
Combien cent ouvriers dans une manufacture
Gagnent l'un portant l'autre, en les considérant
Chacun selon sa force et d'après son talent :
Trente-sept sont payés trois francs à la journée,
Trente-cinq n'ont chacun ; sur la somme donnée
Qu'un franc plus quatre-vingts, seize ont chacun un franc;
Douze en centimes ont quatre-vingt-dix comptant.

Trente-sept fois trois francs, par la règle ordinaire,
Me produisent *cent onze* au nombre salutaire;
Trente-cinq répétés par un franc quatre-vingt
Donnent *soixante-trois*, le nombre qui survient,
Pour les *seize à vingt sous* est facile à connaître.
Douze multipliés à leur tour font paraître
Dix francs plus *quatre-vingts* : ajoutant ces produits,
Deux cents francs, *quatre-vingts*, qui bientôt sont réduits,

Et divisés par *cent* , nous font voir sans conteste
Que l'ouvrier revient à *deux francs* sauf un reste.
Or, sans aller plus loin on conçoit avec fruit
La règle d'alliage un exemple suffit.

$$37 \times 3 = 111 \qquad 35 \times 1{,}80 = 63$$
$$16 \times 1 = 16 \qquad 12 + 90\ c. = 10{,}80$$

$$
\begin{array}{l}
111 \\
63 \\
16 \\
10{,}80 \\
\hline
200{,}80 \\
000
\end{array}
\left\{
\begin{array}{l}
100 \\
\hline
2\ f.
\end{array}
\right.
$$

DES PROGRESSIONS ARITHMÉTIQUES.

Une progression est dite arithmétique,
Quand chaque terme admis que le principe explique,
Précède et suit toujours avec réalité,
Le terme qui le suit d'égale quantité.

$$1 \quad 5 \quad 9 \quad 13 \quad 17 \quad 21 \quad 25 \quad 29 \quad 33 \quad 37 \quad \text{etc.}$$

Cette progression s'appelle aussi croissante,
La raison quatre y règne et sans cesse l'augmente.
La décroissante alors montre facilement
Que l'ordre renversé va toujours diminuant.
Un terme quel qu'il soit, du premier se compose
Et plus autant de fois la raison qui s'y pose
que l'on y peut compter de termes avant lui :
C'est un principe clair qui doit servir d'appui.
D'une progression un terme se découvre,
Et quel que soit son rang, par la règle il s'éprouve.

Ainsi pour obtenir celui cherché *vingt-trois*,
D'une progression quand on en connaît *trois*,

$$: \quad 4 \quad 7 \quad 10$$

Il faut multiplier la raison *trois* connue
Par vingt-deux, en joignant à la somme obtenue
Le premier terme *quatre* et le principe exact
Donne *soixante-dix* pour l'heureux résultat.

$$3 \times 22 = 66 \text{ et } 4 = 70$$

Quand on veut insérer, par des calculs uniques,
Des nombres appelés moyens arithmétiques,
Entre deux résultats, on devra retrancher
Du plus grand le petit, puis il faudra chercher,
L'utile quotient, en divisant le reste,
Par les moyens acquis, augmentés sans conteste
Toujours d'une unité. Dès lors l'expression
Marque la différence à la progression.
Entre *deux et vingt-trois*, *six termes* sans encombres
S'insèrent en ôtant le plus faible des nombres
Du nombre le plus fort, *et vingt et un*, facteur,
Donne *trois* pour raison à son calculateur.

$$23 - 2 = 21 \quad \frac{21}{7} = 3$$

$$— : \quad 2 \quad 5 \quad 8 \quad 11 \quad 14 \quad 17 \quad 20 \quad 23$$

PROBLÈMES

RELATIFS AUX PROGRESSIONS ARITHMÉTIQUES.

I.

En quinze mois quelqu'un peut acquitter sa dette,
En payant chaque mois une somme complète,
Douze francs le premier, quinze francs le second,
Toujours trois francs de plus à chaque mois répond ;
Or, du quinzième mois quelle sera la somme,
Qu'à l'humble débiteur devra compter cet homme ?

Le quinzième paiement se trouve composé
Du *premier douze francs* au nombre proposé,
Plus *quatorze fois trois* et sans rien rabattre,
On trouve en calculant qu'il est *cinquante-quatre*.

$$12 \text{ et } 14 \times 3 = 54 \text{ f.}$$

II.

Quelqu'un fait faire un puits et son intention
Est de ne l'acquitter qu'à la condition
Que l'ouvrier maçon voudra bien se soumettre
A n'avoir que trois francs d'abord du premier mètre,
Et puis cinq du second, en augmentant de deux,
Chaque mètre achevé jusqu'au nombre vingt-deux,
Qu'il faut de profondeur au puits qu'il fait construire :
Quelle somme au maçon cela doit-il produire ?

Il faut d'abord chercher, sans autre version,
Le vingt-deuxième terme à la progression,

On l'obtient en prenant, par une règle sûre,
Vingt et une fois deux et suivant sa nature,
Joindre *à quarante-deux* le premier terme *trois*,
On a *quarante-cinq* qu'on ajoute à-la-fois
Au *trois* déjà connu ; *quarante-huit* se répète
Par *onze* et le montant aussitôt se complète.

$$21 \times 2 = 42 \text{ et } 3 = 45 \text{ et } 3 = 48 \times 11 = 528$$

Sur l'appui des jarrets un homme ayant recours,
Pour cent lieues de chemin a mis en tout huit jours ;
Chaque jour il a fait, par un destin prospère,
Dans un rapport égal, progressif, salutaire,
Plus que le précédent : le premier jour d'abord,
Il n'a fait que deux lieues, en suivant le rapport ;
Or, combien a-t-il fait, d'après cette donnée,
Sur le nombre indiqué, de lieues chaque journée ?

Des termes *la moitié* me sert de diviseur,
Et je partage *cent* par ce premier facteur ;
Ce qui me fait *vingt-cinq*, offrant en son ensemble
Les extrêmes unis, qu'un même sort rassemble ;
J'en ôte le *premier deux fois, et vingt et un*,
Doit donc se diviser alors par *huit moins un*,
Et le quotient *trois*, dans cette circonstance,
Dit qu'il faisait par jour *trois lieues* de plus d'avance.

$$\frac{100}{4} = 25 \quad 25 - 4 = 21 \quad \frac{21}{7} = 3$$

$$- \ 2 \quad 5 \quad 8 \quad 11 \quad 14 \quad 17 \quad 20 \quad 23 = 100 \text{ lieues.}$$

IV.

Douze canaux placés au même réservoir,
Offrent aux habitants un consolant espoir :

Le second peut fournir aussitôt qu'on l'éprouve
Deux barriques de plus qu'au premier et l'on trouve
Un nombre progressif de deux jusqu'au dernier ;
Et ledit réservoir épanche en son entier
Cent soixante-huit en tout, chaque heure qui s'écoule
Combien chaque canal répand-il quant il coule ?

Des termes *la moitié* réduit le nombre à six,
Le tout *cent soixante-huit*, ainsi qu'il est permis.
Par ces *six* divisé donne *vingt-huit* pour reste ;
Le *douzième* terme est alors sans conteste,
Composé du premier que l'on ne connaît pas,
Plus de *onze fois deux* qui naissent sous nos pas.
Or, ce produit *vingt-deux* de *vingt-huit* qu'on retranche,
Donne pour reste *six* et pour finir je tranche
Toute difficulté, puisqu'il contient *deux fois*
Le terme que l'on cherche ; il est donc ici *trois.*

$$\frac{12}{2} = 6. \quad \frac{168}{6} = 28. \quad 2 \times 11 = 32$$

$$28 - 22 = 6 \quad \frac{6}{2} = 3$$

Canal.

1er	2e	3e	4e	5e	6e	7e	8e
3	5	7	9	11	13	15	17

Canal.

9e	10e	11e	12e
19	21	23	25 = 168 barriques.

V.

Quelqu'un est convenu d'acquitter une somme
En divers paiemens, et dès lors ce brave homme
Convient qu'il donnera d'abord trois mille francs,
Plus sept mille au second ; les autres paiemens

Seront tous progressifs jusqu'à trente et un mille
Qui sera le dernier ; mais il devient utile
D'en connaître le nombre et le calculateur
Cherche les paiemens faits par l'humble débiteur.

Par des raisonnements aussi justes que fermes,
Il faut trouver ici la quantité des termes ;
Trente et un mille étant le dernier paiement,
Si j'ôte le premier incontestablement
Le résultat *vingt-huit* par la règle précise,
Par *quatre* partagé, qui dès lors le divise,
Donnera *sept* enfin, qui renferme moins un
Les termes réunis par un destin commun.

$$31 \quad 3 = 28 \quad \frac{28}{4} = 7 \text{ et } 1 = 8 \text{ paiements.}$$

DES PROGRESSIONS GÉOMÉTRIQUES.

Une progression dite géométrique,
Retrace en son ensemble et la raison l'explique ;
Des termes où l'on voit que chacun d'eux contient
Celui qui le précède et celui qui s'y joint
D'égale quantité ; ainsi donc cette suite :

$$\therefore \ 4 : 8 : 16 : 32 : 64 : 128 : 256 \text{ etc.}$$

S'appliquant comme on voit à la règle prescrite,
Est bien géométrique et l'ordre rigoureux,
Démontre avec clarté que la raison est *deux* :
Croissante en augmentant, quand sa marche est active,

Et décroissante enfin quand le contraire arrive.
Dans la progression dont l'art a disposé ;
Un terme quel qu'il soit est toujours composé
Du premier terme admis qu'alors on multiplie
Par l'utile raison qui constamment s'y lie,
Autant qu'il est marqué par le rapport commun
Que la puissance élève à ce terme moins un.
Ainsi pour obtenir le douzième terme
D'une progression, voyons ce qu'il renferme :
Le premier terme est *trois*, et *deux* est la raison.
Il faut donc élever avec précision,
Cette dite raison à l'onzième puissance :
Deux mille quarante-huit en offre l'assurance ;
Si par le terme *trois* ce nombre est répété,
Le total ci-dessus démontre avec clarté,
Ce douzième terme à la règle prospère,
Et pour les autres cas, c'est ainsi qu'on opère :

$$2 \times 2 \times 2 \times 2 \times 2 \times 2 \times 2 \times 2 \times 2$$
$$\times 2 \times 2 = 2048 \times 3 = 6144$$

Pour pouvoir insérer par des moyens usuels
Des termes inconnus, dits proportionnels
Géométriques, tel que le prescrit l'usage,
Il faudra commencer aussitôt le partage
Du terme le plus fort par son inférieur
Et puis on extraira de ce dernier facteur
La racine au degré constaté par le nombre
De ses termes admis, en évitant l'encombre.
Ainsi pour insérer dans l'exemple qui suit
Six moyens entre *six* et *sept cent soixante-huit ;*
Il faudra du dernier en prendre le *sixième*
Qui donne *cent vingt-huit*, la racine *septième*

Est *deux* comme l'on voit, et l'utile clarté
De ce principe sûr mène à la vérité.

$$7,68 \begin{array}{l} 16 \\ 48 \\ 0 \end{array} \left.\begin{array}{c} 6 \\ \hline 128 \end{array}\right. \qquad 7^e \text{ p.} \qquad 128 = 2$$

PROBLÈMES

RELATIFS AUX PROGRESSIONS GÉOMÉTRIQUES.

I.

Pour devancer Achile une faible tortue,
En efforts impuissants vainement s'évertue ;
Bien qu'elle ait sur Achile un mille de chemin
Il va dix fois plus vîte et son but est certain.
Voyons s'il peut la joindre en cette circonstance,
Et sachons à quel terme il atteint la distance ?

Zénon le philosophe et dit stoïcien,
N'était pas, on le voit mathématicién.
Il pensait faussement que l'intrépide Achile,
N'attraperait jamais la tortue inhabile ;
Car pendant, disait-il, qu'Achile entreprenant,
Ferait le premier mille, il paraissait constant

Que la faible tortue, en suivant son système,
De la seconde lieue en ferait le dixième;
Et lorsqu'à ce dixième on verrait le héros,
Notre adroite tortue en suivant l'à-propos,
De ce dixième acquis, comptant sur elle-même,
En ferait le dixième ou plutôt un centième.
Il calculait très-mal; chaque dixième uni,
Ne saurait composer un espace infini.
Il est aisé de voir, par un moyen unique,
Que la progression est bien géométrique;
La raison un dixième indique avec clarté
Qu'à son aide on pourra trouver la vérité :
Divisant *un*, carré de notre premier terme,
Par un, moins *un dixième*, on voit ce qu'il renferme :
Or, *un* plus *un neuvième*, à bon droit nous fait voir
Qu'Achille attrapera sans s'en apercevoir,
Notre pauvre tortue à la vision bleue,
Juste *au neuvième* en sus de la *première lieue.*

$$\frac{10}{10} - \frac{1}{10} = \frac{9}{10} \quad 1 \text{ et } \frac{1}{9}$$

II.

Un maquignon consent à vendre son cheval,
D'après un marché fait qui semble original :
Il ne veut qu'un centime, en suivant son système,
Du premier clou doublé jusqu'au vingt-quatrième;
Pour se défaire enfin de ce coursier mignon,
Quel prix doit-on donner à l'adroit maquignon ?

Sur le nombre des clous puisque le prix se forme,
A la progression il doit être conforme,
Or, pour le calculer, un principe certain,
Dit de doubler les clous et jusques à la fin ;
Et puis d'élever *deux*, en cette circonstance,
A la *vingt-troisième* et dernière puissance ;
Et le total acquis, fait voir en terminant
Que le prix du cheval serait exorbitant.

$$— 2 : 4 : 8 : 16 : 32 \ \text{etc.}$$

$$2 \times 2 \times 2 \times 2 \times 2 \times 2 \times 2 \times 2 \times 2 \times$$
$$2 \times 2 \times 2 \times 2 \times 2 \times 2 \times 2 \times 2 \times 2 \times$$
$$2 \times 2 \times 2 \times 2 \times 2 = 83{,}886 \text{ f. } 08$$

III.

Une dame économe a trente belles terres,
Qu'elle cherche à placer en des mains étrangères ;
Et pour se libérer envers ses créanciers,
Et ne point effrayer d'avides héritiers,
Elle expose à la fois la moins considérable,
A la condition qui paraît tolérable,
De n'exiger d'abord qu'un sou du premier bien,
Puis deux sous du second, jusqu'au trentième enfin,
Et le doublant toujours, suivant l'offre qui charme.
Quelle est la somme ici qui revient à la dame ?

Il faut pour obtenir le prix en question,
Chercher le dernier terme, et l'abréviation
Dit de déterminer, d'après notre assurance,
Le *vingt-neuvième* acquis en prenant la puissance

De notre exposant *deux* et la multipliant
Par *deux*, terme second ; le nombre résultant
En en retranchant un, carré du premier terme,
En divisant enfin le total qu'il renferme
·Par l'excédant cherché, du premier au second,
Qui dans le cas cité ne change rien au fond,
Puisque c'est l'unité, nous montre que la somme
Que notre dame exige, accablerait son homme.

2 multiplié 29 fois par lui-même, donne 268,435,456

$$268,435,456 \times 2 = 536,870,912$$
$$- 1 = 536,870,911 \text{ s. ou } 26,843,545 \text{ f. } 55 \text{ c.}$$

IV.

Jacob avait, dit-on, soixante-dix enfants
En entrant en Egypte, et ce père en vingt ans
Vit le nombre augmenter d'un chiffre toujours même ;
Dix époques après, la puissance suprême,
Le rendit protecteur, comme il l'avait promis,
De trente-cinq mille huit cent quarante fils.
De combien sa famille ; après cette donnée,
A chaque époque fixe était-elle augmentée ?

Pour trouver l'exposant, un principe certain
Nous dit de diviser le dernier terme enfin
Par le premier connu ; le nombre qui résulte
Cinq cent douze fait voir que la puissance occulte
S'exprime ici par *huit* dont la racine est *deux*.
Ainsi, tous les *vingt ans*, Jacob le bienheureux,

Vit doubler sa famille ; et sa haute puissance
Des ennemis vaincus cimenta l'alliance.

35,840 (70
  84 {———
140 { 512   3e p. 512 = 8   3e p. 8 = 2
  00 (

V.

Quelqu'un est convenu d'acquitter en cinq ans
Une somme qu'il doit : chacun de ces paiements,
Est quatre fois plus fort que celui qui précède,
Et le dernier de tous, qui suivant eux succède,
S'élève à cinq cent douze ; or, le calculateur
Demande le premier que fit le débiteur ?

Pour pouvoir découvrir quel est ce premier terme,
Il faut chercher d'abord et voir ce que renferme
Le nombre *cinq cent douze*, en cherchant à la fois
La puissance indivise à ce nombre de fois
Que contient *cinq moins un* de la raison connue,
Quatre offre don ici pour valeur obtenue,
Deux cent cinquante-six : l'utile quotient,
Dit qu'il donna *deux francs* à son premier paiement.

512 (256
000 { ———
    2   — 2 : 8 : 32 : 128 512

VI.

On dit qu'une personne a, la première année,
Dépensé dix ducats ; d'après cette donnée,
Sachant que tous les ans , en objets superflus,
Elle a, sans réfléchir, consommé trois fois plus ,
Que jusqu'à huit cent dix s'éleva la dernière ;
De sa conduite enfin , qui semble irrégulière ,
On désire savoir par de justes succès,
Combien d'ans ont duré ses frivoles excès.

Pour trouver ce qu'on cherche , il faut que je divise ,
D'après un moyen sûr, qu'un principe autorise
Les *huit cent dix* par *dix* j'obtiens *quatre-vingt-un*,
Or, je vois, tout d'un coup, par un art opportun ,
Que c'est du nombre *deux* la *cinquième* puissance ;
C'est donc pendant *cinq* ans que dura sa dépense.

$$810 \big\rfloor \ \dfrac{10}{10} \qquad 0 \ | \quad 81 \quad - \quad 10 \ : \ 30 \ : \ 90 \ : \ 270 \ : \ 810$$

PROBLÊMES RÉCRÉATIFS.

Un bâtiment carré contient quatre dortoirs ,
Huit cellules enfin : ces utiles couloirs,
Habités par des sœurs, communiquent ensemble,
La mère Abesse aveugle à bon droit les rassemble ,

On en compte vingt-quatre, elles pouvaient se voir,
Pourvu qu'en les comptant, notre aveugle le soir,
En put rencontrer neuf aux dortoirs à la file,
Elle s'allait coucher satisfaite et tranquille.
Quatre autres bonnes sœurs, d'un couvent très-prochain,
Vinrent les visiter un dimanche matin ;
Et notre mère Abesse, en faisant sa visite,
En n'en comptant que neuf, approuve leur conduite.
Profitant de l'erreur, quatre autres à leur tour,
Avec les quatre sœurs sortent de ce séjour;
Et notre pauvre aveugle en suivant sa tournée,
N'en trouve encore que neuf au bout de la journée ;
Les quatre saintes sœurs, pleines de charité,
Revinrent avec huit dans la communauté ;
Un entretien si doux, fait avec bienséance,
Permettait à nos sœurs de causer en silence.
La pauvre mère abbesse à chaque rang comptant,
N'en rencontre que neuf et bénit le couvent;
Dans quel ordre faut-il qu'une sœur les dispose,
Pour pouvoir opérer cette métamorphose ?

Si dans chaque cellule on en met d'abord trois,
L'abbesse en visitant chaque rang à la fois,
En comptera bien neuf : quatre religieuses,
Sortant de quatre coins par des routes trompeuses
Avec une autre sœur se plaçant au milieu,
Ne troubleront la paix dans ce saint lieu.
Si quatre jeunes sœurs observant leurs prières
S'éloignent pour un temps de ces lieux tutélaires ;
Il faut que du milieu deux sortent avec soin,
Et viennent se blottir chacune dans un coin.
En les comptant toujours d'une manière prompte,
La mère abbesse alors y trouvera son compte :

Et si nos quatre sœurs, en observant la loi,
Conduisent au saint lieu des vierges de la foi,
Pour conserver l'erreur du nombre qui cumule,
On en placera sept dans l'utile cellule
Qui se trouve au milieu ; chacun des quatre coins
N'aura plus qu'une sœur pour fournir aux besoins.
Le soupçon éloigné ne pouvant les atteindre,
Elles pourront causer sans avoir rien à craindre ;
L'aveugle en les comptant trouvant que tout est bien
Ne pourra les blâmer de ce sage entretien.

3	3	3
3		3
3	3	3

2	5	2
5		5
2	5	2

4	1	4
1		1
4	1	4

1	7	1
7		7
1	7	1

II.

Un jour, le cuisinier d'un puissant personnage,
Afin de contenter trois filles du village,
Qui demandaient des œufs, leur dit en les voyant:
Je vais donner tous ceux que j'ai dans le moment.
Il donne la moitié d'abord à la première
Plus la moitié d'un œuf, par faveur singulière;
A la seconde il offre aussi du meilleur cœur,
La moitié qui lui reste, avec même faveur
De la moitié d'un œuf dont la fille s'empare ;
Enfin continuant son partage bizarre,
Il donne à la troisième avec même amitié,
De son troisième reste encore l'humble moitié,
Plus la moitié d'un œuf: il eut donc l'avantage
De tout distribuer. Dans cet heureux partage,
Qui paraît singulier, combien en avait-il,
Et comment a-t-il eu l'esprit assez subtil,
Pour donner des moitiés à chaque jeune fille
Sans en casser un seul, ni s'échauffer la bile?

Cet homme avait sept œufs : à la première fois
Il donne la moitié; dès lors je m'aperçois
Que c'est trois et demi, plus la moitié d'un autre,
C'est donc quatre en un mot. A notre bon apôtre,
Il n'en reste que trois, et selon son espoir,
La seconde en a deux, car cet heureux avoir
Egale un et demi, plus la moitié. Notre homme
N'a donc plus qu'un seul œuf; il le partage en somme,

En offrant la moitié, plus la moitié. L'on voit
Qu'il les a tous donnés : le reste se conçoit.

$$7 \left\{ \frac{2}{3 1/2.} \right. \qquad 3\frac{1}{2}\mathrm{et}\frac{1}{2} \;=\; 4 \qquad 1^{\text{re}} \text{ personne.}$$

$$3 \left\{ \frac{2}{1 1/2.} \right. \qquad 1\frac{1}{2}\mathrm{et}\frac{1}{2} \;=\; 2 \qquad 2^{\text{e}}.$$

$$1 \qquad\qquad \frac{1}{2}\mathrm{et}\frac{1}{2} \;=\; 1 \qquad 3^{\text{e}},$$

III.

Quinze sages chrétiens, quinze turcs indociles,
Un jour dans un vaisseau reconnus inutiles,
Furent jetés au sort et le chef sans pitié,
Dit qu'il fallait dès-lors en noyer la moitié,
Afin que le vaisseau dans cette circonstance,
Pût d'un temps rigoureux vaincre la violence.
Le capitaine ainsi les range adroitement
Sur une même ligne, et dit en les comptant,
Que du neuvième hélas ! la tête malheureuse
Subira du trépas la chance rigoureuse ;
Mais le bon capitaine avait si bien compté,
Qu'à chaque neuvième homme un turc était porté.
Comment les rangea-t-il dans ce triste problème,
Pour pouvoir opérer cet heureux stratagème ?
Il faut, pour réussir, d'abord être certain
Des voyelles qui sont dans ce vieux vers latin :

POPULEAM VIRGAM MATER REGINA FEREBAS.

4 c. 5 t. 2 c. 1 t. 3 c. 1 t. 1 c. 2 t. 2 c. 3 t.
1 c. 2 t. 2 c. 1 t.

En prendre exactement la formule prescrite,
Plaçant *quatre* chrétiens et *cinq* turcs à la suite,
Deux chrétiens, puis un turc, le neuvième en suivant
Sur le turc malheureux sans cesse retombant,
Epargne les chrétiens de ce fatal naufrage;
Et le vaisseau sauvé, déjà touche au rivage.

111100000   110111010011   000100110

IV.

Les neuf Muses, portant des couronnes de fleurs,
Voulurent en donner à titre de faveurs,
A celles qui suivaient leurs glorieuses traces;
Bientôt sur leur chemin parurent les trois Grâces.
Les muses à l'envi, jalouses d'un tel choix,
S'écrièrent enfin d'une commune voix,
Qu'on devait à chacune accorder cet hommage.
On leur en offrit donc, et d'après le partage,
Les Grâces, les neuf Sœurs, égales en beauté,
En eurent à l'instant la même quantité.
Combien en possédaient les filles du Permesse ?
A combien s'éleva leur aimable largesse ?

On dit que les neuf Sœurs en avaient *trente-six*,
Et qu'en en donnant *neuf* par le principe admis,
Il en resta *vingt-sept :* or, les Muses aimables,
Cimentèrent la paix sur des bases durables;

Chacune en obtint trois ; et d'après leurs bienfaits,
Les Grâces, les neuf Sœurs ne se quittent jamais.

$$36 \left\{ \frac{4}{9} \right. \qquad 27 \left\{ \frac{9}{3} \right. \qquad 9 \left\{ \frac{3}{3} \right.$$

V.

Un pauvre avec un sou, dans sa triste détresse
Donne à vingt mendiants, dans un jour d'allégresse :
Il sut en partageant ce minime secours,
Offrir à chacun d'eux une pièce du cours ;
Comment donc s'y prit-il dans cette circonstance,
Pour leur distribuer cette faible assistance ?

Avec *cinqsous.* ce pauvre usant de charité,
A chaque mendiant propose avec bonté
Un modeste liard ; alors chacun présente
Un centime et du plus en secret se contente.

$$1 \text{ sou} = 5 \text{ cent. } 0f{,}050 \quad \left\{ \frac{29}{0f{,}0025} \right.$$
$$010$$
$$09$$

Chaque mendiant a la différence du liard au centime,
c'est-à-dire $0f{,}0025 \times 20 = 0f{,}05$.

FIN.